科技美学

理性与情感世界的对话

天津社会科学院建院四十周年精品文库

徐恒醇 著

天津社会科学院出版社

图书在版编目（CIP）数据

科技美学 ：理性与情感世界的对话 / 徐恒醇著. --
天津 ：天津社会科学院出版社，2019.8
（天津社会科学院建院四十周年精品文库 / 靳方华
主编）
ISBN 978-7-5563-0569-8

Ⅰ. ①科… Ⅱ. ①徐… Ⅲ. ①科学美学—研究②技术
美学—研究 Ⅳ. ①G301②B832.1

中国版本图书馆 CIP 数据核字(2019)第 175729 号

科技美学 ：理性与情感世界的对话
KEJI MEIXUE : LIXING YU QINGGAN SHIJIE DE DUIHUA

出版发行：天津社会科学院出版社
出 版 人：张博
地　　址：天津市南开区迎水道 7 号
邮　　编：300191
电话/传真：（022）23360165（总编室）
（022）23075303（发行科）
网　　址：www.tass-tj.org.cn
印　　刷：天津午阳印刷股份有限公司

开　　本：880×1230　毫米　1/32
印　　张：8.375
字　　数：195 千字
版　　次：2019 年 8 月第 1 版　2019 年 8 月第 1 次印刷
定　　价：78.00 元

总 序

《天津社会科学院建院四十周年精品文库》收录了天津社会科学院建院以来的部分精品学术著作和研究成果，即将陆续付梓。该文库的出版是天津社会科学院建院40年来优秀科研成果的集中展示，是对40年来领导和学者们不懈奋斗的诚挚敬意，也是对当今接续奋斗的社科院人的热忱激励。作为天津市规模最大、门类最全的哲学社会科学专业研究机构，40年来，天津社会科学院在众多学科涌现了杨柳桥、吕万和、卞慧新、黎干、孙振、王昌定、王辉、温克勤、罗澍伟、潘允康、周路、包永江、荣长海、张景荣等一大批国内外知名的专家学者，在哲学伦理学、法学理论、历史文化、经济社会等诸多领域贡献了一大批思想深邃、引领学界的研究成果，为繁荣发展中国哲学社会科学做出了突出贡献。借撰写文库序言的机会，谈几点感受。

我们正处在哲学社会科学繁荣发展的新时代。习近平总书记指出，当代中国正经历着我国历史上最为广泛而深刻的社会变革，也正在进行着人类历史上最为宏大而独特的实践创新。这种前无古人的伟大实践，必将给理论创造、学术繁荣提供强大动力和广阔空间。这是一个需要理论而且一定能够产生理论的时代，这是一个需要思想而且一定能够产生思想的时代。改革开放以来，中国共产党团结带领全国各族人民开辟了中国特色社会主义道路,在理论、制度和文化上,形成一系列创新的思想理论、发展理念和实践方略,为人类文明做出了突出贡献。天津社会科学院的发展伴随着改革开放的历史进程,从建院以来的初创奠基、探索前进、改革发展到如今的创新竞进,从站上新起点到迈入新时代,40 年风雨同舟,40 年披荆斩棘,40 年砥砺奋进,全体社会科学工作者用忠诚、担当绘就了一幅气势恢宏的历史画卷,谱写了一曲不问浮华的奋斗赞歌。新时代,新召唤,哲学社会科学正面临着空前丰富的素材与题材、空前复杂的命题与试题、空前广阔的机遇与空间,时代是出卷人,我们是答卷人,人民是阅卷人,在这个繁荣发展哲学社会科学的新时代,只有坚持以习近平新时代中国特色社会主义思想为指导,聆听新时代的声音,立足新时代的特点,回应新时代的呼唤,认真研究解决重大而紧迫的问题,才能真正把握住历史脉络、找到发展规律,推动理论创新,推进咨政建言,提升服务社会的品质。

新时代的哲学社会科学必须毫不动摇地坚持以马克思主义为指导。当今世界,各种思想观念、思维方式、意识形态的交流和碰撞越来越频繁、越来越激烈,给意识形态带来许多新问题、新挑战。以什么样的世界观、方法论来审视世界、引领未来,是哲学社会科学的根源问题。马克思主义是科学的思想体系,是人类思想史上最重要的成果,它揭示了人类社会发展的本质和规律,是科学的世界观和方法论,是我们认识世界、改造世界的强大思想武器。我国革命、建设和改革实践反复证明:中国特色社会主义需要马克思主义,坚持以发展着的马克思主义为指导,是我们事业沿着正确方向胜利前进的根本保证。当今中国,坚持马克思主义就是要不断深入学习贯彻习近平新时代中国特色社会主义思想。建设具有中国特色、中国风格、中国气派的哲学社会科学,必须坚持马克思主义指导地位，运用马克思主义观察时代、解读时代、引领时代，真正搞懂面临的时代课题。坚持马克思主义指导地位，需要不断推进实践基础上的理论创新，及时回答时代之问、人民之问，不断开辟马克思主义发展新境界；需要我们用马克思主义的思想武器，提升文化“软实力”和社会主义核心价值观体系建设，用强大的思想武器构筑意识形态领域的钢铁长城；需要我们加强主流意识形态的吸引力、凝聚力，提高主流意识形态的控制力和引导力，同新自由主义、历史虚无主义等各类不良社会思潮和意识形态领域的敌对势力做斗争。

哲学社会科学研究应该“以人民为中心”。与时代同步伐，与人民共命运，关注和回答人民需要的问题，是社会科学工作的生机与活力所在。“大学之道，在明明德，在亲民，在止于至善。”中国特色社会主义的成功经验蕴含着人民群众丰富实践创造的宝贵经验，为理论工作者的学术创新提供了丰厚土壤和研究样本。以人民为中心，需要我们“引时代明德、为人民立言”，牢固树立为人民做学问的思想，切实承担起以文化人、以文育人、以文培元的重要使命；需要我们认真汲取优秀历史文化中的合理元素，挖掘阐释其中符合时代精神、具有普遍意义的思想精华，为振兴中国学术尽心尽力；需要我们坚持理论与实践相结合，坚持问题导向，善于从实践中提炼经验做法，善于运用哲学观点和社会理论，回答和解决当前面临的矛盾和问题；需要我们唱响主旋律，凝聚正能量，不断巩固人民群众团结奋斗的共同思想基础；需要我们坚持从国家和区域发展的实际出发，聚焦高质量发展要求，努力在中华民族伟大复兴和“五个现代化天津”建设中，服务大局，展现作为；需要我们坚持平实务实，聚焦人民群众所思所想所盼，用通俗易懂的语言，有针对性地解疑释惑，积极回应群众关切，推进马克思主义思想大众化，始终贯彻理论创新“来自人民、为了人民、贴近人民”的鲜明品格。

哲学社会科学研究要强调精品意识。对社会科学研究成果而言,质量就是生命。大学之大,不在大楼,而在大师;大家之大,不在派头,而在作品。如何锻造学术精品,需要我们以扎根本土、深植时代为基础,在观念和手段结合上、内容和形式融合上进行深度创新,提高作品的思想高度、文化内涵、学术价值。当前,哲学社会科学研究的重要任务是立足中国特色社会主义伟大实践,提出具有自主性、独创性的理论观点,构建中国特色学科体系、学术体系、话语体系,这是产生学术精品的源泉和保障。社科工作者应该围绕“三个体系”建设,深入生活、扎根人民,树立正确的历史观与文化观,拿出真正经得起考验的精品佳作,凭本事说话,靠品质取胜。社会科学研究是一项苦差事,需要勤于思考、甘于清贫、淡泊名利,不畏浮云遮望眼,专心致志地锻造精品。如果不把心思和精力放在创作精品上,只想着追名逐利、走捷径、搞速成,成不了大师、成不了大家。以精品奉献人民,需要耐得住寂寞,经得起诱惑,守得住底线,立志做大学问,做真学问,同浮躁之风、弄虚作假、学术不端划清界限,在学术积累上下功夫,在守正创新上下功夫,不断增强学术积累和创新能力,拿出更多高质量、高水平的科研成果。

藉此为序。向被收入文库的作者和作品致敬!向接续奋斗40年的天津社会科学院人致敬!向为文库的出版付出辛勤努力的同志们致谢!也衷心希望更多的专家学者立时代潮头、通古今变化、发思想先声、引时代明德、为人民立言,不断涌现出更多的精品佳作、名家大师,不断推进全国一流社科院建设迈上新台阶。

靳方华

2019年3月17日

目　　录

人充满劳绩，但还诗意地安居于这块大地之上。

——荷尔德林[①]

引　言

“科学技术”是一组闪光的字眼。在人类文明史上，没有任何时代像今天这样，对科技倾注了如此巨大的热忱和努力。科技已经渗透到社会生活的一切领域，使人们摆脱贫穷和愚昧，使生活面貌发生日新月异的改观。科学知识打开了人们的视野，从粒子—反粒子的微观世界到亿万星群的宇观世界，使我们不断改变着自己的世界观。科学态度培育了人们探索真理、实事求是、讲究效率和遵守规范的社会风尚。科学精神给以儒学占主导地位的中华传统文化注入了新的生机和活力。这一切使我们更加深刻地体会到“科学技术是第一生产力”论断的含

① 荷尔德林(F. Hölderlin，1770—1843)，德国诗人。本句引自[德]海德格尔《人，诗意地安居》。

义,因为科技是推动社会发展的原动力。

然而,现代科技发展也面临着自身的问题。正当发展中国家努力追求科技现代化的时候,处于科技现代化的发达国家的西方学者们却纷纷提出了对科技发展的忧虑和反思。他们指出:"今日,有关科学威力的谈论已经很多,也都有其根源,即所谓'科学万能'。但是科学的能力也有其先天的极限。这点却鲜为人所谈到。而一个铜钱的正反两面,都应该予以公正的检查。"①"这种反省已具有一种独有的紧迫性:因为人类在所有领域都面对着现代技术,面对着它的全面发展,面对着它向人类、自然和社会展示的种种难题。"②"科学技术成就已把我们和这个星球带入前途暗淡、危机四伏的境地。"③

西方学者对于科技异化和人的价值失落的批判,一方面反映了资本主义制度固有的矛盾,另一方面也反映出当代科技发展中普遍存在的问题。这些问题具有高度综合的性质,它的解决不是作为工具理性的自然科学和技术单独能够胜任的,必须有作为价值理性的人文社会科学的介入。自然科学只是整个科学系统中的一个子系统,科学系统又是整个文化系统中的一个子系统。文化系统包括了科学文化和人文文化两方面的内容,它们分别反映出人的理性和情感特征。情感是人性和情怀的袒露,情感与理性的交融才能构筑起人类文明的大厦。印度诗人泰戈尔(R. Tagore,1861—1941)说:"完全按照逻辑方式进行的

---

① [美]万尼瓦尔·布什著,李克译:《科学的贫乏》,生活·读书·新知三联书店 1991 年版,第 5 页。

② [荷兰]E. 舒尔曼著,李小兵等译:《科技文明与人类未来:在哲学深层的挑战》,东方出版社 1995 年版,英文本序。

③ [德]孙志文著,陈永禹译:《现代人的焦虑和希望》,生活·读书·新知三联书店 1995 年版,前言第 4 页。

思维，就好像一把两面都是利刃而没有把柄的钢刀，会割伤使用者的手。”①

因此，我国的社会主义现代化面临的任务是区别于西方现代化的双重任务，它不仅要实现科技的现代化以促进经济的繁荣，还要实现科技文化与人文文化的协调发展，以促进人与社会和自然的和谐统一。

科技美学正是自然科学、技术科学与人文科学的一个结合点，也是连接科技文化与审美文化的纽带。顾名思义，科技美学是以美学的眼光来审视科学技术问题，为科学技术提供人的价值尺度和情感指向，给科技理性插上诗意和灵性的翅膀。科技美学一方面要寻求科技成果的情感价值，以寻觅人的物质家园和精神家园；另一方面要探索美学和艺术原理用于科技领域的可能性，以实现人与自然的和谐统一。

我们可以从科技发展的历史中看到科技美学产生的必然性和紧迫性。自从近代自然科学产生以来，分门别类的科学研究把自然界这个统一的有机整体进行了不同的分割。力学原理在天文学和物理学上取得的成功，使牛顿（I. Newton，1642—1727）实现了自然科学理论的第一次大综合，由此也使机械论的观念登上科学思维的宝座。在反对宗教神学的斗争中，继笛卡儿（R. Descartes，1596—1650，法国哲学家）“动物是机器”的命题之后，茹利安·奥弗雷·拉·美特利（Julien Offray de La Mettrie，1709—1751，法国哲学家）出版了《人是机器》的名著，其中也把人看作是有感觉、能思维的机器，犹如一架巨大的、极其精细、极其巧妙的钟表。随着工业文明和对自然的改造，人类与自然的关

① 转引自［美］托马斯·门罗著，石天曙、滕守尧译《走向科学的美学》，中国文艺联合出版公司1984年版，第37页。

系越来越被理解为征服与被征服的关系。科学技术在本质上的不完备性,使它对自然的控制和改造往往带有一定的片面性和盲目性。人们在陶醉于对自然的胜利时,却不得不承受相应的后果。加之在人类文化发展的进程中,人类整体能力的提高往往是以个体力量的肢解和片面发展为代价。在科技的应用中,又存在科技作为手段与人作为目的的被颠倒。这一切怎么能使人在科技理性面前不产生迷惘和失落呢?

近代浪漫主义与人本主义思潮的勃兴,便是对上述机械论和唯理主义的反驳。卢梭(J. J. Rousseau,1712—1778,法国启蒙思想家)在《爱弥儿》中强调了人的同情心的伦理价值,预感到科技理性与情感的对立。一个人知识渊博却冷酷无情,于社会又有什么好处呢? 席勒(J. C. F. von Schiller,1759—1805,德国诗人)觉察到,工业文明把人束缚在孤零零的断片上,机器的轮盘使人类失去了生存的和谐和想象的青春激情。席勒由此提出了审美教育,希望通过审美自由促进人的个性的全面发展,以实现感性和理性、人的受动性和能动性的统一。黑格尔(G. W. F. Hegel,1770—1831,德国哲学家)进一步从历史哲学的高度指出,审美带有令人解放的性质。从叔本华(A. Schopenhauer,1788—1860,德国哲学家)的"生命意志"到尼采(F. W. Nietzsche,1844—1900,德国哲学家)的"强力意志",构成了对科技理性的挑战。尼采在否定西方传统价值观念的同时,把审美作为理解人生和世界的契机。弗洛伊德(S. Freud,1856—1939,奥地利精神分析学家)的精神分析,马斯洛(A. H. Maslow,1908—1970,美国心理学家)和弗洛姆(E. Fromm,1900—1980,美国哲学家)的人本主义以及马尔库塞(H. Marcuse,1898—1979,德国哲学家)的新感性理论都从不同视角提出:人不仅是理性的动物,还是活生生的感性存在。人有其本能、欲望、直觉、意志和情感。由此我们认识到，人的全面发展才是人的价值实现的内在根据。

尽管20世纪以来，相对论和量子力学突破了经典物理学的世界模式，确立了新的有机自然观。耗散结构理论、协同学、混沌理论、分形理论等非线性科学丰富了人们对于世界的认识，然而整个科学还没有由分析走向新的综合。对于人的自然本性的认识更是若明若暗，脑科学和生理心理学仍处于初始阶段。因此在科学领域还不能从根本上清除机械论的影响。此外，即使不考虑科技的误用和对环境的污染，我们仍然能觉察出科技和工业文明隐含着对于人的自身发展所带来的负面效应：科学用抽象的概念取代了人的感性经验，抹杀了事物偶然性中的变动不居和形态上的丰富多彩。错综复杂的现象被化解为各种单纯的个别要素，易于使人忽视整个自然的相互关联和联系。生活在都市的高楼大厦和人工环境中，人们不再关注自然，也不再与自然对话，这使人失去了自然的依托，也失去了人的自然本性。这些导致人与自然界的疏离。

在现代化生产中，人对机器设备和计算机系统的依赖造成了自我的封闭，使人与人之间的相遇不再真实。大众传媒形成的广告声势和平面化的苍白形象隔断了人与社会的真实联系，使广告以虚假的形象消费取代了人的现实体验。这一切造成人与社会的疏离。

科技的发展容易把人的注意力转移到物质条件的改善和财富的增长上，从而造成人们对亲情和精神世界的忽视。在技术设备的威力和建筑环境的冷漠面前，人有时倒成了机器和环境的附庸，丧失了自身的个性，使人的价值遇到挑战。沉迷于物质消费，单纯的功利原则和商品化，使人丧失精神家园和理想的推动力。这一切使人与自我相疏离。

对上述负面效应的克服是一种人文关怀,它呼唤美学与审美文化的介入。审美是人以个体的独立性对世界的一种反映和行为模式。它突破了人的日常感觉方式,专注于对世界的观照与情感交流,形成对现实的一种创造性和超越性的把握。审美的世界是以人为中心的世界,它反映出这个世界在什么程度上适应于人。同时,审美也是人类自我意识的体现,在人的审美经验中,总是融合着对人的价值和生命意义的感悟。审美具有精神的超越功能,它可以突破人的直接功利目的和时空局限的束缚,追求主客体之间的交融与统一。审美的主客同一,不只是观念移情的物我两忘,还是建立在人类社会实践的对象化基础之上。审美超越使人达到一种和谐而自由的精神境界,由此为人确立一种审美理想,它是人们从事审美创造的精神动力。审美超越成为克服科技理性局限性的一种契机,使人由屈从于自然的必然性迈向人的自由,在存在的有限性中拓展出它那无限的意义。

在社会转型和文化转型中,对科学精神和现代人文精神的追求成为时代的呼唤。我国五千年文明中以和合文化所体现出的整体性的系统观,成为培育现代人文精神的一种历史基因和文化温床。毫无疑问,人的现代化是实现科技现代化的关键,它与人的素质的提高和个性的全面发展是分不开的。审美教育是对人的审美理想、人格和情操的培育,也是提高人的审美感受力和创造力的途径。

科学态度与审美态度、理性与情感、科技进步与人文关怀的相互沟通和融汇,将成为本书的主题,我们将从精神世界和物质世界的不同层面去探索这种交汇的前景。

理性作为科学的折射，情感作为人性的袒露，它们交织与撞击，描绘出多彩的人生画卷，展开了无穷的人生故事。

——肖峰《科学精神与人文精神》

一、理性与情感的两难抉择

当我们回首过去的20世纪，不免为这一世纪翻天覆地的变化而慨叹。以传统人文价值体系的危机和解体为开端，中华民族经历了救亡图存、民族解放和建国兴邦才终于走上现代化的进程，这些内容谱成了20世纪乐章的主旋律。早在五四时期，新文化运动便举起了“科学”和“民主”两面旗帜，反对中国封建传统文化的迷信和专制。自此以后，一种新的科技文化和现代人文文化开始在中国大地上萌发，并为人们展现出一种新的世界图像和人生视野。从现代科学和文化观念的引进、启蒙，到现代化建设的实施，走过一条艰难而曲折的路，人们的认识在社会实践的过程中不断取得深化和发展。

我国现代化的进程是从提出工业、农业、国防和科学技术现代化开始的。四个现代化是现代化建设的基础，而科学技术的现代化又是四个现代化的关键。要实现四个现代化的目标,就必须进行各种社会体制和思想观念的变革。全国思想解放运动和改革开放政策的确立,为经济体制的改革、社会主义市场经济的建立和现代化建设开通了道路。随着现代化建设的发展,人们越来越认识到,现代化的关键在于人的现代化,即人的观念的现代化和人的素质的提高。这又回到了建设科技文化和人文文化的主题上来。科学精神和人文精神正是这两种文化的观念表现,因而成为人类文明成果的凝聚点。科学精神体现着对世界的理性审视和规律探求,而人文精神体现着人的价值追求和人生情怀。它们的对峙和失衡既表现为两种文化形态的冲突,也表现为理性与情感的两难抉择。

1. 两种文化的交织与碰撞

在古代,人们的自然观和人文观是相互关联的,对自然的认识是对人的认识的前提之一。科学思想的萌芽可以追溯到远古时代的神话,它是史前人类的“哲学”和“科学”。神话作为人类早期的一种原始思维,是他们解释世界的一种主要方式。神话出现在人类认识水平极为低下的阶段。远古的人只能用拟人化的神来解释各种支配着自然现象的力量。中国的《山海经》《楚辞》,希腊的《伊利亚特》《奥德赛》以及赫希俄德的《神谱》中,有大量关于创世、治水、救灾和征服自然力的传说,书中的主人公或是伦理化的天帝之子或是神人同形的超人。

史前人以神话的形式说明自然现象、人际关系以及人类与自然的关系。正如黑格尔所说:“古人在创造神话的时代,就生活在诗的气氛里,所以他们不用抽象思考的方式而用凭想象创造形象的方式,把他们的最内在最深刻的内心生活变成认识的对象,他们还没有把抽象的普遍观念和具体的形象分割开来。”①

人类是怎样摆脱古代神话的宇宙观而开始哲学和科学的探索呢？我们可以从战国时代的管仲和米利都学派的泰勒斯那里窥见一斑。管仲（约前725—前645），名夷吾，颍上人，齐国著名的政治家、军事家。他从自然界内部去寻找万物产生的根源，而不再把神话中那种超自然的神作为宇宙创生的原因，提出了水是万物的本原。在《管子·水地》中，他指出："水者何也？万物之本原也。"他从生活经验的观察中论证道：水是"无不满无不居也"，"集于天地，而藏于万物；产于金石，集于诸生"。这是一种唯物主义的自然观。无独有偶，泰勒斯（Thales，前624—前546）作为古希腊哲学家也把水看作万物的本原。泰勒斯精通天文学、数学，开创了几何学研究，测量和计算出金字塔的高度，并准确地预测了日蚀的发生。

认为宇宙万物最初是由水产生的，这是对自然界本原的一种探索。它所寻求的是事物存在的普遍的根源，即世界的统一性问题。它把可见的、变化的、无限多样的世界，归结为一种永恒的、不变的、绝对的本体。在认识的形式上，它已经是用概念而不是用神话的感性形象来说明世界；在研究方法上，它已经在运用归纳和类比来进行论证，在特殊中去寻找一般，把感性具体升华为一种抽象思维。这反映出人类认识发展的一种飞跃，标志着科学认识的开始。然而，管仲他们提出的水这种具体的物质形态并不能说明世界的普遍本质，他们还没有真正达到对世界本原的认识。

对于哲学的起源，亚里士多德（Aristoteles，前384—前322，古希

① [德]黑格尔著，朱光潜译：《美学》第二卷，商务印书馆1979年版，第18页。

腊哲学家）曾经指出：“古往今来人们开始哲理探索，都应起于对自然万物的惊异；他们先是惊异于种种迷惑的现象，逐渐积累一点一滴的解释，对一些较重大的问题，例如日月与星的运行以及宇宙之创生，作成说明。”[①]“起于惊异”反映了自然哲学对于自然界探索的动机，也反映了古希腊的理想主义的科学观，科学不过是通过发现真理和认识真理以建立起科学的大厦。当时科学的社会应用尚未被纳入目标。

在我国，从《易经》到《易传》的出现，反映了人们认识的进化，这是一个思维逐步摆脱宗教巫术而达到哲学的过程。《易经》是一部占筮书，《易传》则是一部哲学书。前者是通过自然形象的符号表征以求吉凶的神示，后者则是通过天地万物的变化迹象探求人们的行为准则。

我国古代的有机整体宇宙观和审美观

中国传统文化体现了一种“天人合一”的整体宇宙观。它把人和自然、主体和客体、心和物、心理的东西和物理的东西都看作一个整体，进而认识到整体是由各部分构成的，各部分之间存在着密切的联系，由此构成一个有机的整体。所谓有机，首先表现在它的“心身同一论”观点上，它把生命看作是精神与肉体合一的有机体，是天地宇宙大生命的一环。其次，它特别强调天地宇宙的“自动性”，排斥任何有关“外力推动”的概念。这种观念萌芽于西周时期的天命论思想。作为宗教观念，天是人格化的神（即上帝）的同义语。人们办事时希望遵照上天的指示，以免有违天命。据《尚书·汤誓》记载，汤欲伐桀，王曰：“有夏多罪，天命殛之。”武王伐纣，王曰：“今予发，唯恭行天之罚。”（《尚书·牧誓》）

① ［古希腊］亚里士多德著，吴寿彭译：《形而上学》，商务印书馆 1959 年版，第 5 页。

求得天命的最终根据是天象。人们仰观天象，俯察地理，观测四时的运行，由此而产生天道的概念。天道指的便是天的行为方式。人们要看天是如何行事的，以此为自己行动的楷模。天的行为方式就是天体的运行。研究天的行为方式就成了对自然现象本身的研究，只不过加上了神学的解说。由此可以看出，从天命概念到天道概念的转化，具体地表现了自然科学的发展对于哲学思想的影响。

以天命和天道为基础形成的《周易》，是由八卦学说、阴阳观念和五行观念三种不同的文化综合发展而成的。《周易》中太极图和八卦所描绘的宇宙图像，是一种朦胧而神秘的世界。虽然它使人感到扑朔迷离、幽远莫测，但是它却为人们揭示了自然界运动是一种动态平衡的过程。这一思想体系所固有的整体观念、系统思想、节律、均衡原则、对称图式和互补原理，反映了古人深邃睿智的自然观和丰富的想象力。《象传》把天的运行与人的行为相比拟，提出“天行健，君子以自强不息”。天体运行刚健有力，永恒不息，君子应效法于天，努力不懈。这便是渗透中国人文文化的重大主题。

老子(约前 571—前 471)进一步创立了以“道”为本体论的哲学体系，为中国文化的发展奠定了哲学基础。由此彻底摆脱了具有神学色彩的天命观和儒家以王道为中介的伦理的天人观。

对于宇宙的创生，老子提出：“天下万物生于有，有生于无。”(《老子·第四十章》)“道生一，一生二，二生三，三生万物。”(《老子·第四十二章》)“有”是繁杂世界的显像，属于物的领域，老子从“有”中抽象出“无”这一“道”的境界，是对“有”的超越。“道”是人与世界的一种本源性的关系，而非经验性的存在。它是原始虚无之自然，具有生化功能。道生之一便是理，理是道的本质和内容。一生之二便是阴阳二气，它们是宇宙的基本原质,由其相互作用而产生出第三者。这便是生化的结果,自然生生不息,使万物纷然杂陈。

我国古代人文精神的人格化,提出了一种理想人格,把人与宇宙的同一,即人与自然、人与社会群体的和谐一致作为目标,是审美理想与审美个性的交融。在儒家文化中,表现为《周易·文言》中所说:“夫‘大人’者,与天地合其德,与日月合其明,与四时合其序。”建立在宗法制度和自然经济基础上的儒家文化,却把这样一种天人合一的观念引向人伦化的狭小境地,使其成为一种虚幻的社会理想。

天人合一的观念也使人与自然之间的审美关系得以加强,使自然景物获得一种人格和道德的象征意义。“智者乐水,仁者乐山。智者动,仁者静。”(《论语·雍也》)山川草木已不再作为神示的预兆,而成为一种人伦世界和理义世界的符号。

人们把大自然作为自己的生存空间,也当作自己情感的一种依托。因此,在观景览物之中,诗人不仅抒发出对于自然的感情,而且也会表现出悲天悯人的忧患意识。面对广阔的洞庭湖,杜甫(712—770,唐代诗人)发出了“昔闻洞庭水,今上岳阳楼。吴楚东南坼,乾坤日夜浮。亲朋无一字,老病有孤舟。戎马关山北,凭轩涕四流”(《登岳阳楼》)的慨叹,从空间感受联想到人间沧桑,唤起了诗人的忧思。同一个岳阳楼,又引发出范仲淹(989—1052,北宋思想家、文学家)以天下为己任的感兴:“不以物喜,不以己悲;居庙堂之高则忧其民,处江湖之远则忧其君。是进亦忧,退亦忧。然则何时而乐耶?其必曰先天下之忧而忧,后天下之乐而乐乎!”(《岳阳楼记》)这种高尚情操令人赞叹,可谓千古绝唱!

这种以天下为己任的感叹,正是儒家积极入世态度的一种历史回声。它使人们注重修身养性,刻苦磨炼,以达到建功立业的目标。“故天将降大任于斯人也，必先苦其心志，劳其筋骨，饿其体肤，空乏其身，行拂乱其所为，所以动心忍性，曾益其所不能。”(《孟子·告子》)

时间感受是人生体验的重要方面，它以有限和无限的转化成为生命价值和意义的核心。人与自然的息息相通所带来的生命的体验，引发人们对于自然生命节律的关注。孔子望着滔滔的流水感叹道：“逝者如斯夫！不舍昼夜。”(《论语·子罕》)万物像流水一样变动不居，运动使一切成为现在又成为过去。在追求个体生命价值的奋斗中，屈原(约前340—约前278，楚国诗人)发出了人生有限和时不我待的喟叹：“汩余若将不及兮，恐年岁之不吾与。朝搴阰之木兰兮，夕揽洲之宿莽。日月忽其不淹兮，春与秋其代序。”在与时间之流的搏击中，诗人更加心潮澎湃：“老冉冉其将至兮，恐修名之不立。朝饮木兰之坠露兮，夕餐秋菊之落英。”(《楚辞·离骚》)这里无不透露出对于无限的向往和追求。

总之，中国古代文化呈现出一种有机整体的宇宙观，在科学理性中也带有一种感性经验和意象表达的色彩。其科学抽象水平受到经验直觉式思维和经验类比等形象思维方式的制约，使其未能获得近代科学的形态，加之宗法社会强调人伦教化而鄙薄科学技术，使科学文化的发展受到很大影响。尽管如此，在很长的历史时期中，我国的科学技术水平在世界上仍然是领先的。

人文与科技的相互推动

近代意义的自然科学出现在15世纪下半叶，它是伴随生产力的发展和资本主义生产关系的逐步形成而产生的。科学一词起源于拉丁文Scientia，它是以范畴、定理、定律形式反映现实世界各种现象的本质和运动规律的知识体系。

我国古代的四大发明传入欧洲,对欧洲文艺复兴运动起了催生的作用,使欧洲科技文化在经历了中世纪的黑暗之后获得了新的生机。造纸术是12世纪传入欧洲的,13世纪至14世纪火药和指南针相继在欧洲推广使用,印刷术则在15世纪传入欧洲。这些发明对于欧洲社会文化的进步所起的作用,正如马克思所说:“火药、指南针、印刷术——这是预告资产阶级社会到来的三大发明。火药把骑士阶层炸得粉碎,指南针打开了世界市场并建立了殖民地,而印刷术则变成新教的工具,总的来说变成科学复兴的手段,变成对精神发展创造必要前提的最强大的杠杆。”①

文艺复兴运动是欧洲新的人文文化和思想解放运动,也是欧洲科学革命和产业革命的先导。它体现了人文文化与科技文化相辅相成的作用。“这是一次人类从来没有经历过的最伟大的、进步的变革,是一个需要巨人而且产生了巨人——在思维能力、热情和性格方面,在多才多艺和学识渊博方面的巨人的时代。”②

意大利得天独厚地继承了古罗马的文明,它又处于地中海航线的中心,因而成为东西方联系的纽带。资本主义的兴起改变了人们的价值观念,由此使文艺复兴运动首先在意大利兴起。当时,整个欧洲还沉浸在对宗教的虔诚信仰之中。意大利人文主义者从批判基督教禁欲主义开始,提出了对人性、人生目的的重新阐释。他们开始时把理性与信仰置于等同地位,最终则将理性置于信仰之上。人文主义的重要任务

---

① 马克思、恩格斯著,中共中央马克思恩格斯列宁斯大林著作编译局译:《马克思恩格斯全集》第四十七卷,人民出版社1979年版,第427页。

② 恩格斯:《自然辩证法》,见马克思、恩格斯著,中共中央马克思恩格斯列宁斯大林著作编译局译《马克思恩格斯选集》第三卷,人民出版社1972年版,第445—446页。

是倡导和推广以学习古典著作为中心的人文学科，以促进人的全面发展。由此，也使人文学科在大学教育中占据比较重要的位置。

人文主义对于理性的推崇，使人在认识中的主体地位得到确认，人们开始相信人有无限的认识能力和创造能力。同时，人文主义者重新发现了自然，把认识对象由上帝转向了自然界。正是人文主义思想的启蒙作用，为近代自然科学的产生提供了精神前提。因为在中世纪时，科学和哲学受宗教神学支配，科学只是宗教神学的理性外衣。文艺复兴运动把矛头直指教会的统治，唤起了人们的科学意识，为近代自然科学的产生开辟了道路。

1543年哥白尼（N. Copernicus，1473—1543）的《天体运行论》发表，他的"日心说"成为近代天文学的开端。推动哥白尼从事这一研究的动机恰恰来自科学观念和审美观念的双重推动。"在他和他的直接后继者的身上可以看到现代科学由之产生的互相斗争而又最终相互结合的两大因素：对于一种从逻辑上看和从艺术上看都是完美无缺的'自然秩序'——由此可以演绎出自然法则的秩序——的信念和要对每一理论都进行那种可以通过直接观察做出决断的实验检验的决心。"[①]这就是说，对于自然秩序的理性信念与审美的情感体认成为推动他的感召力。

哥白尼的学说在一般科学思想上也引起了一场革命。但哥白尼主要是天文学家、数学家，在科学思想的具体知识上未能提供更多的事实。他认为行星轨道应该是圆的，因为在古希腊美学传统中认为圆形

---

① [美]G. 墨菲、J. 柯瓦奇著，林方、王景和译：《近代心理学历史导引》，商务印书馆1980年版，第34页。

是最美的。以后开普勒(J. Kepler,1571—1630)通过天文观测提出,所有行星都是遵循椭圆轨道运动的,而太阳位于一个焦点上。开普勒也是一位杰出的数学家,他之所以相信哥白尼体系,不仅是由于他在配合天文学家工作中积累了大量行星观测的资料,而且在于他相信哥白尼体系具有更大的数学简单性与和谐度。开普勒说:“我从灵魂的最深处证明它是真实的,我以难于相信的欢乐心情去欣赏它的美。”[①]开普勒深信上帝是依据完美的数的原则创造世界的,这种数的和谐就是天体的音乐。开普勒发现的行星运动三大定律奠定了天文学的基石。

伽利略(G. Galileo,1564—1642)创立了严密的科学实验方法,他不仅是代近科学的奠基人,也是近代科学认识思想的先驱。他反对经院派以人为中心的神学目的论哲学,这种哲学认为整个自然界都是上帝为人而创造的。他既重视观察和实验的作用,也强调理性推理和数学方法的意义,从而迈出了数学的动力学方面最艰难的一步,使自然科学取得坚实的基础,也获得了科学预测的功能。所以,伽利略被誉为“近代科学之父”。对此,爱因斯坦(A. Einstein,1879—1955)指出:“从亚里士多德的思想方法转变到伽利略的思想方法,已经成为奠定科学基础的最重要的一块奠基石。这个转机一旦实现,以后发展的路线就很清楚了。”[②]

科学主义与人本主义的对峙

17 世纪的英国开始成为欧洲科学的中心,培根(F. Bacon,1561—

---

① [英]W. C. 丹皮尔著,李珩译:《科学史及其与哲学和宗教的关系》,商务印书馆 1975 年版,第 193 页。

② [美]A. 爱因斯坦、L. 英费尔德著,周肇威译:《物理学的进化》,上海科学技术出版社 1962 年版,第 19 页。

1626)提出的“知识就是力量”表达了人们对于科学的追求和信念。培根打算规划出一个具体的科学方向，以便把人类的能力的界限推到更远的地方，实现对自然的征服。培根认为，科学是征服自然的力量，科学的统治是最高的、最可敬的统治。科学的权力要比国家的权力高贵得多、伟大得多。因为国家只是对意志的统治，而科学却是对理性、信念、理智的统治。理智是心灵的最高部分，理智甚至支配着意志。培根在晚年写了一篇幻想小说《新大西岛》，描述了一个由科学主宰一切的理想社会。在这个岛国上，国王建立了一座“所罗门之宫”(或叫“六日大学”)，目的是探讨事物的本原和它们运行的秘密，并扩大人们的知识领域以实现一切理想。这是一个集行政、科研、教学、实验、生产和宗教于一身的学术机构，鼓励人们从事发明创造，使人们过着安居乐业的生活。这表达了培根对科学力量的信仰。

与英国经验论哲学的代表培根相对应，法国数学家、哲学家笛卡儿成为近代唯理论哲学的奠基人。笛卡儿崇尚理性的权威，要把过去的一切学说放在理性的尺度上重新加以检验。他认为，一切真理性的观念、一切必然性的知识只能来自人的理性本身。在他看来，科学的本质是数学，数学乃科学之王，数学的公理化体系应成为建立科学理论体系乃至整个人类知识大厦的唯一模式。笛卡儿对理性的强调突出了主体在认识中的能动地位。他在《哲学原理》(1644 年发表)中，提出了“我思，故我在”的命题，构成了他的全部哲学的第一原理。也就是说，从我想到怀疑一切其他事物的真实性这一点，可以明确地推出：我是存在的。“对于笛卡儿来说，人成为第一位的和实在的主体、根据或基础；同时他也是存在者所指向的中心。”[①]这里所强调的认识中的主体能动性,成为从康德到黑格尔的德国古典哲学的主题。康德(I. Kant, 1724—1804)在他的哲学中重复地使用过四次“我思”问题:我能知道什么?我应当做什么?我能希望什么?什么是人?

康德是德国古典哲学的奠基人,早期从事自然科学研究。1754 年和 1755 年,他相继提出了地球自转可能因潮汐摩擦而变慢的潮汐摩擦说和关于天体起源于原始星云的星云说。在 1781 年发表的《纯粹理性批判》中,康德认为:只有自然科学和数学才算得上“科学”,只有与自然科学相对应的人类的科学理性才是真正的理性。康德把知性、理智和理性进行了区分。

与上述理性主义传统相反,法国启蒙主义思想家卢梭对科学理性提出了挑战。他在第一部著作《科学和艺术的发展败坏了风俗还是净化了风俗》中分析了科学和艺术对风俗的败坏可能产生的作用,并且针锋相对地提出了“我觉,故我在”以及感性是判断道德和生活的标准。德国哲学家叔本华从直观认识和理性认识的对立中,推论出艺术和科学的根本对立。他认为,一切认识都是意志的产物,并且是为意志服务的工具。在《作为意志和表象的世界》中,叔本华把世界归结为生命意志的客体化,进而把生命意志归结为无目的的冲动和挣扎。这样,意志和目的脱离了关系,完全失去了理性性质。尼采在继承叔本华生命意志的观点时,把其看作是一种创造的力量。他为了肯定人生,提倡酒神精神和强力意志说。尼采竭力要证明,科学不能为人生提供真实的意

① [法]保罗·利科主编,李幼蒸、徐奕春译:《哲学主要趋向》,商务印书馆 1988 年版,第 519 页。

义;不存在一个合乎理性的世界,世界的意义又要靠人去赋予;人的心理中有一个无意识领域,其中潜藏着人的意愿和行为的真正动机。

德国哲学家狄尔泰(W. Dilthey,1833—1911)克服了叔本华和尼采唯意志论的倾向,提出了对人的生命活动特别是精神文化进行反思的生命哲学。1883年狄尔泰发表了《精神科学导论》,对于人文科学与自然科学进行了严格的区分。狄尔泰认为,哲学的重点应放在精神科学(die Geisteswissenschaften)上,以人类的生命或生活作为哲学的出发点。精神科学涉及人类的精神领域和历史、文化。自然科学与人文科学的区别首先在主题,人文科学研究的内容涉及人的活动,这是与自然现象的根本不同之处。自然的实体可以从外部得到解释,但人类不仅是自然的一部分,而且是自己的文化、动机和选择的产物。对人的生命的认识是一种再现和再体验,其中加入了认识者本人的创造性想象和情感,单纯用理性或理智并不能穷尽生命的意义或本质。因为精神现象是活生生的、具体的,它有自己的过程和历史且不可重复。狄尔泰把生命放在历史性范畴中来理解和把握,并暗示关于人的知识应该统摄科学的知识。

另一位德国哲学家李凯尔特(H. Rickert,1863—1936)则把人文科学称为文化科学(die Kulturwissenschaften)。他认为,人文科学属于历史范畴,它与自然科学的区分不在于研究对象的不同,而在于认识兴趣和方法的不同。自然科学的兴趣在于“一般”,应用“一般化”方法以形成普遍规律;人文科学的兴趣在于“个别”,应用“个别化”方法以便记述特殊的事件,人文科学关注的是个别而独特的价值观。

由此可以看出,人文科学“是那些既非自然科学也非社会科学的学科的总和。一般认为人文科学构成一种独特的知识,即关于人类价值和精神表现的人文主义的学科”①。它包括语言学、文学艺术理论、历史学、美学、伦理学、哲学及文化人类学等。

人文文化思潮以人本主义为主流,从对人本身的研究中来探讨世界的本质,它从文学、美学、哲学扩大到社会学、心理学等诸多领域。20世纪中叶产生的人本主义心理学,以马斯洛、弗洛姆等为代表。他们先后提出了需要层次论、自我实现论和高峰体验论等理论,以健康的人或自我实现的人作为研究的目标。弗洛姆也是法兰克福学派的代表,但在对人的本性的研究上与阿多尔诺(T. W. Adorno,1903—1969,德国哲学家)和马尔库塞具有不同的研究路线。弗洛姆坚持人的社会存在与个体自我存在的两重性,而阿多尔诺、马尔库塞等人则因袭了弗洛伊德的本能理论,过分强调人的生物本能的作用。此外,马尔库塞还提出了对于科学技术的批判。他察觉到资本主义工业文明的内在矛盾,即科学技术和理性由摆脱自然强制的工具转化为统治人的工具,这是科学技术的异化和理性的异化。但马尔库塞在对科学技术的分析中存在泛意识形态化的倾向。

与人本主义相对立的是科学主义,逻辑实证主义的科学观则把科学主义推到了极端。维也纳学派是逻辑实证主义的主要代表,它继承和发展了英国经验论的传统,认为科学知识只依赖于公认的实验证实。它强调真正的科学知识只有一种,那就是自然科学;形而上学所提出的问题都是似是而非的,是由于乱用语言所造成的。精神科学只是文化生活的体验方法。有人甚至主张物理主义的还原论,认为物理学语言

① 《简明不列颠百科全书》编辑部译编:《简明不列颠百科全书》6,中国大百科全书出版社1986年版,第760页。

是科学的普遍语言,科学中任何领域的语言都可以翻译为物理学语言。科学主义强调用自然科学的观点、方法和标准来审视和衡量一切,由此在逻辑理性的解剖刀下,一切非科学文化都丧失了意义。

人本主义与科学主义的对峙,使得科技文化与人文文化之间难以沟通和相互理解。正如英国哲学家罗素(B. A. W. E. Russell,1872—1970)在《西方哲学史》中所举例说明的:柏格森(H. Bergson,1859—1941,法国哲学家)的生命哲学是情感性的,是一种诗意的宇宙观。他说生命是一个炮弹,正像莎士比亚(W. Shakespeare,1564—1616)说生命不过是一个影子,或雪莱(P. B. Shelley,1792—1822,英国诗人)说生命像一个多彩玻璃的圆屋顶一样,都是既不能证明也不能反驳的。但是,作为柏格森宇宙观基础的时间论和空间论,却是建立在传统谬误的论据之上的。在谈到数时,柏格森混淆了数的概念与数的集合;他把知觉与回想的差异比作现在和过去的差异,把物质与心象、客观与主观相混同,所以他的理论是建立在理智的混乱上。在近代西方人文理论中不乏逻辑的混乱,在科学主义的观念中也不无“人是机器”之类的荒谬,因此需要沟通和整合,以便使科技文化与人类的需求建立更多的联系,使非科学文化含有更多的理智成分。这种人文文化与科技文化的对峙与隔阂,也反映在我国近年来关于人文精神和审美文化的探讨中。一些文化人总是表现出对于现代化建设的某种玄学倾向或浪漫主义情结,而对现实问题缺乏兴趣。

机械论向有机论的转化

17 世纪以来,随着力学原理在天文学和物理学中取得的成功,机械论的自然观便不断地向各方面渗透。笛卡儿也是机械论思想的代表,他把机械运动看作是物质生命运动的表现。在《哲学原理》一书的物理学部分中,他认为:空间就是广延,物质的多种形态归因于位置的移动,动物是一种只会运动而没有思想的机器。人虽然既有形体又能思考,是灵魂实体与广延实体的统一,但人的肉体只是理性灵魂的暂时寄宿地。由此,把精神与物质、灵魂与肉体、人类与自然界二元对立了起来。

牛顿完成了近代物理学的第一次大综合。他把万象纷呈的自然界通过力学的纽带编织成一幅统一而和谐的图画,以科学定律的简单性反映出自然界运动的一些客观规律。然而,牛顿的时空观也是机械论的,是对日常生活经验的直观反映。牛顿没有认识到,时间和空间是相互联系的,并与物质运动状态相关联。在因果观上,牛顿把机械运动的决定论无限扩大到一切领域,这一切使他最终只能把物质运动的第一推动力归因于上帝。

随着牛顿力学的成功,人们机械决定论的观念强化了,以为由此可以获得对整个世界的最终解释。“十八世纪法国百科全书派以为他们利用物理的和机械的原理去给世界以最后解释的日子已经不远了;拉普拉斯(P. S. M. de Laplace,1749—1827)甚至以为心灵可以预测自然界的世世代代的进展，只要有了质量和它们的速度就行了。”[①]实际上，这是古希腊原子论者的故技重演。这种机械决定论的思想，也反映在茹利安·奥弗雷·拉·美特利的著作《人是机器》中。此外，力学也成了真正的哲学。“力”的概念成为一个功能最多、使用最普遍的术语，不同领域的科学家都争先恐后地采用力学认识模式来开展研究。有的用力的发现逻辑，寻找出热力、电力、磁力，有的用力的解释逻辑解释各种现象，如生命力、亲和力、神经力和心理力场等。

到19世纪末，绝大多数物理学家都认为，物理学的基本原理和方法已经完善，剩下的只是一些细节问题了。1900年，英国物理学家开尔文（W. T. Kelvin，1824—1907）在他的新年献词中心满意足地宣布：在已经基本建成的科学大厦中，后辈物理学家只要做些零碎的修补工作就行了。但同时他也承认，物理学的天空中还暂时存在两朵乌云：一朵与黑体辐射有关，另一朵与迈克尔逊（A. A. Michelson，1852—1931）“以太”风实验有关。然而谁曾料到，正是这两朵似乎美中不足的乌云，竟然引来了20世纪物理学革命的暴风骤雨。

爱因斯坦首先实现了现代物理学的变革。1905年，他在《论动体的电动力学》一文中提出了狭义相对论。这是对牛顿力学的辩证否定，将其关于时间、空间、质量、能量、运动等概念进行了根本性修正。1900年，普朗克（M. K. E. L. Planck，1858—1947）在柏林物理学年会上提出了一个黑体辐射公式，用能量辐射的不连续性做了解释，为量子物理学的产生奠定了第一块基石。玻尔（N. H. D. Bohr，1885—1962）先后提

① 马赫：《发展中的机械论》，见[英]W. C. 丹皮尔著，李珩译：《科学史及其与哲学和宗教的关系》，商务印书馆1975年版，第279页。

出了原子结构的量子化轨道理论以及波与粒子的互补性原理。海森堡(W. K. Heisenberg,1901—1976)和薛定谔(E. Schrödinger,1887—1961)分别从粒子和波的角度提出矩阵力学和波动力学,对微观世界的量子现象做出了不同形态的表述,但数学上两者完全等价,并被实验所充分证实。

1929年,海森堡又提出了"测不准原理"。在量子规律起支配作用的领域里,粒子的位置和它们的运动速度之间存在着共轭关系,不可能同时准确地测出一个基本粒子的速度和位置,或者说,不可能确定基本粒子在碰撞之后是否还保留着碰撞前的特征。测不准原理还表明,我们在观察基本粒子时,不可避免地会对它产生干扰,因此提出认识粒子本来面貌的问题是没有意义的。就像探险家要观察沙漠就得在沙漠上走动,而他看到的景象,包含了他自己在沙漠上扬起的尘烟。测不准原理说明,因果关系的复杂性,这是对机械因果决定论的否定,也揭示了偶然性在物理世界中应有的地位。此外测不准原理还说明,认识主体与客体关系的复杂性,既不能否定科学中主客体区分的确定性,又不能忽视主客体关系在不同认识领域的复杂性。因此,这是对机械决定论的又一挑战,它奠定了统计决定论的自然观。

统计概率的方法不仅适用于量子现象的微观世界,也适用于湍流现象的宏观世界。在地球的大气流动中,在海洋和江河的水流中,在火箭的尾流中,在锅炉燃烧室的气流以及血液的流动中,都存在湍流现象。由于流体运动具有无穷多个自由度,不同尺寸的旋涡层层相套,运动能量错综复杂地由整化零,对它的观测便只能运用统计概率的方法。在这种由确定性方程描述的简单系统中会出现极为复杂的、貌似无规则的运动——混沌运动。因此,非线性科学应运而生,它们便是对这些大量存在的非线性系统的研究。在科学的混沌世界里，也像在艺术的混沌世界里一样，隐含着严谨的秩序。一位诗人说，对于音乐的感受就像在黑夜里从外面窥视灯火辉煌的舞厅中那翩翩起舞者的身影一般。当你逐渐远去时，音乐渐渐消失，生活的魅力也似乎随之消失。音乐为什么能与人的心灵沟通呢？正是在音乐里隐含着与人的心灵共鸣的特有的秩序。

耗散结构理论指出，自然科学的研究对象已经不再是没有时间概念的自然界，而是人类所接触的、具有不可逆转历史特征的自然界。现代自然科学已经卷入自然与人的关系的争论之中。原来那种把世界绝然地分为主体与客体，把人的心灵与肉体区分开来的观点，就会把科学引入困境。由此，人类又一次需要正视自己。

2. 科技异化与人的价值追求

任何事物无不具有两重性。正如老子所说："天下皆知美之为美，斯恶已；皆知善之为善，斯不善已。"也就是说，如果人人都只知道美，那么这反而成了一种恶，如果人人都只了解什么是善，那么这反而成了一种不善，因为人们遗忘、忽视和掩盖了相反东西的存在。这便是从逆向思维的角度，揭示出事物发展存在两重性。科学技术的发展同任何事物一样存在两重性。我们在肯定科学技术的巨大历史作用时，不能不看到由于科学技术自身的特性，它的应用可能存在不同的社会效应，既有正面效应，也会出现负面效应。

对科学技术的评价涉及人的价值观念。人不仅是价值评价的主体，也是评价的依据。离开人来谈价值毫无意义。而人的自我价值，又是人的价值观念的核心。这里人的概念，既包括个体的存在，也包括人类整体的社会存在。

科技的异化

科学技术是推动社会发展的强大动力,这一点是毋庸置疑的。马克思早就看到了科学的这一历史作用。“在马克思看来,科学是一种在历史上起推动作用的、革命的力量。”[①]在马克思的时代,工业的发展只有一百来年的历史,当时工人不断被新机器排挤,以致一些行业的工人敌视机器并抵制采用机器。即使在这种情况下,马克思却已预见到“自然科学却通过工业日益在实践上进入人的生活,改造人的生活,并为人的解放作准备,尽管它不得不直接地完成非人化”[②]。科学通过工业技术为人的解放做准备,这正是科学的革命性所在。但是,当时科学的作用也表现出另外一面,这就是“随着人类愈益控制自然,个人却似乎愈益成为别人的奴隶或自身的卑劣行为的奴隶。甚至科学的纯洁光辉仿佛也只能在愚昧无知的黑暗背景上闪耀。我们的一切发现和进步,似乎结果是使物质力量具有理智生命,而人的生命则化为愚钝的物质力量”[③]。这就是说,科学发展的结果不是使人摆脱自然的强制性而获得身心的解放,而是向相反的方面转化了,成为与人相对立的异己的力量。这种现象便是科学的异化。当然,在资本主义条件下,造成这种异

① 恩格斯:《在马克思墓前的讲话》,见马克思、恩格斯著,中共中央马克思恩格斯列宁斯大林著作编译局译《马克思恩格斯选集》第三卷,人民出版社 1972 年版,第 575 页。

② 马克思:《1844 年经济学—哲学手稿》,见马克思、恩格斯著,中共中央马克思恩格斯列宁斯大林著作编译局译《马克思恩格斯全集》第四十二卷,人民出版社 1979 年版,第 128 页。

③ 马克思:《在〈人民报〉创刊纪念会上的演说》,见马克思、恩格斯著,中共中央马克思恩格斯列宁斯大林著作编译局译《马克思恩格斯全集》第十二卷,人民出版社 1962 年版,第 4 页。

化的原因首先在于私有制的社会制度。但是，其原因又不止于此，还有科学技术对人的生理、心理的适应性问题，认识论的和操作性的根源。

人口过剩、环境污染和战争威胁笼罩着全世界。这些危机的产生直接或间接地与科技的发展过程相关联。

18 世纪工业革命以来，世界人口增长的速度不断加快。1800 年全球总人口约 9 亿，到 1900 年达到 16 亿，到 1970 年增加到 36 亿，到 1997 年全球人口已超过 76 亿。伴随城市化进程的加快，城市人口在以更快的速度增长。拥挤的城市空间、堵塞的交通状况、激烈的生存竞争，将使人们长期处于紧张、焦虑和烦躁之中。心理学研究表明，当生物体的集中超过一定限度时，就会出现形形色色的病态行为。

汽车排放的大量废气中，包含有汽油及其裂解和氧化的产物，而且还有一氧化碳和铅的化合物。硫和氮的氧化物连同其他物质会使金属腐蚀、建筑材料风化、橡胶变脆、农作物毁坏并加重和造成呼吸系统疾病甚至导致肺癌。出于竞争和牟利，许多新发明和新产品的推出不顾及长远可能产生的消极后果，造成一系列问题。洗涤剂已经普遍代替了肥皂，但合成洗涤剂的主要成分是各种磷酸盐。磷酸盐随洗涤废水进入水源，大大加速了微生物的生长，造成水体富营养化。微生物大量消耗水中的氧气，从而导致其他水生生物的死亡。水生环境的这些有害变化，使湖泊的寿命大大缩短，湖泊变成沼泽，沼泽又完全干涸。同样，化学除草剂、化学肥料、农药广泛用于农业，在农产品大大增产的同时也带来极大的负效应：地力减退、土壤盐碱化、生态遭到破坏，并且使食品严重污染，造成食物中毒。

战争的烟云始终没有完全消散。海湾战争就是高科技武器的一个试验场。过去的战争留给人们的记忆是枪林弹雨、炮火硝烟、狂轰滥炸和血肉横飞,但是随着计算机的广泛运用和互联网的发展,计算机网络战争这种新的战争形式引起人们的关注。其以电子脉冲和高速信息公路为主要手段制造出电磁大轰炸,使对方联系中断、武器失灵、数据混乱、火车相撞、飞机坠毁、通信系统中断运行。计算机网络战争所使用的武器是计算机病毒,目前世界上已出现各种各样不同类型的电脑病毒。电脑病毒可以通过计算机网络发射或利用电磁波输入以及配套设备注入。计算机网络战争的发动不再需要整个国家的动员,只要一个利益集团甚至一个人都有可能成为它的发动者。

有一些科技手段的运用,如果在任何一个环节上产生疏忽、操作失误,就会导致难以挽回的后果。荷兰的一对普通夫妇,结婚五年来为不能怀上自己的孩子而苦恼。1994 年通过试管婴儿这一高科技手段实现了他们孕育下一代的梦想。妻子产下了一对双胞胎,夫妇二人为此欣喜若狂。可孩子出生后不久,他们发现情况有些不妙。这对双胞胎的肤色和头发有很大差异,其中一个男孩有和父母一样的白皮肤、黄头发,而另一个男孩皮肤黝黑、头发棕色偏黑。经医院检查 DNA 证实,这对双胞胎的父亲不是同一个人。在进行人工授精时,医生用了附有别人精子的吸管去取她丈夫的精子,最后两名男性的精子同时进入妻子的体内。她的丈夫说:“社会舆论总是纠缠着我们,这一事件总让人们联想到我的妻子同时还与别的男人有染。我们想从隐姓埋名的生活中挣脱出来,过上正常人的生活。”这一事件给他们的家庭生活笼罩上了阴影。

科技作为人类改造自然的手段,成为人类能力的一种延伸。但是,当它成为人与自然界之间的一个必然环节以后,便逐渐从他律性的工具向自律性的方向转化,进而成为一个实在的世界。这时,人所追求的目标就可能被技术手段消解。因为人们原来是从目的出发来选择可供使用的手段，在这里目的具有优先性，从而能够促进作为手段的技术不断发展。当手段的效能不断发展以后，技术手段便由简单的他律性的工具变成自律性的技术世界，对人产生越来越大的影响。在强大效能的技术世界面前，人们在手段和目的的选择中发生了逆转。人们只能依据技术世界提供的手段来选择与手段相适应的目的。由此，目的反而成为人们现有技术能力的一个自然结果。这也使人类行为产生了逆转，使人的自我被强有力的技术世界支配。

技术的社会应用使工业得以发展，而工业的发展则要依靠对市场的占有和商品的推销。以商品推销为目的的广告便千方百计地以各种各样的形象制造一种超前的消费体验，刺激人们的占有欲，人们为了获得这种虚幻的体验而去购买。出于占有目的而非真正使用目的，使商品消费从生存活动变为消费者身份地位或社会形象的选择。这种没有使用价值的占有，使人的消费活动失去了原来的意义，也失去了真正的生活体验。这是人为刺激起来的幻想的满足，它使人与真实自我相异化，也使手段和目的产生了逆转。

科学本身具有一种非拟人化特征，它不是以人为尺度来衡量各种事物的。当科技把外在的客观规律强加于人的活动时，可能会造成人的生理和心理的不适应，甚至心理失调。例如，流水线生产是简化工人操作和提高生产效率的一种生产组织方式，但是，当每一工位的操作过分简化时，生产节奏的加快使人成为一个简单的机械，引发单调感和心理疲劳。正如电影《摩登时代》中卓别林（C. S. Chaplin，1889—1977）所表演的，劳动生产的紧张和重复单调使人陷入行为和心理的失调，人成了专拧螺丝的机器。社会大生产的高度专业化，要求分工越来越精细化。这种分工只要求人们具有非常单一的能力并有突出的发展,这种单一化的要求造成人心理功能的片面使用和发展,使其思想、情趣和生活创造力等成了多余的东西。

20 世纪 50 年代初,当第一批电视机和计算机问世不久,美国便出版了一本科幻小说《华氏 451 度》。小说描写了一个人们与“电视之墙”关系密切而拒绝阅读书籍的世界。在小说描述的世界里,消防队有条不紊地把所有印刷品都烧毁了,人们却拍手称快。消防队长解释说,人类必须用不能烧毁的信息来填充自己,使他们成为名副其实的信息库。到那时,人们即使在家里寸步不移,也能通晓世界,可谓“秀才不出门,能知天下事”。

今天随着国际化高速信息公路和多媒体技术的发展,电视荧屏和电脑的诱惑力与日俱增。美国和欧洲青少年中许多人泡在电视机前的时间大约和在教室里的时间相等。荧屏把人与人隔离开来,据统计,在美国,每四个人中只有一个人认识自己的邻居。

上千年来人类的所有记忆和知识都储存在书本里,正如高尔基所说:“书籍是人类进步的阶梯。”然而,今天书籍却不得不与电子媒体相竞争,电视和电脑助长了人们懒于阅读和书写的风气,很多人不愿意长时间聚精会神地阅读文章或图书,而希望在视觉画面和音响的刺激中接受信息。

在信息时代,人们的学习和知识储备方式将发生某种变化。背诵事实和规则曾经是经典的启蒙的学习原则。人们相信,受过教育和拥有扎实知识的人思想开阔,更能在社会中应付自如。然而今天,浩如烟海的知识内容变得复杂,某些专业信息的存在寿命却十分短暂,以致人们只有依靠计算机的帮助才能组织和利用知识。

此外，人只有在时间的延续和流动中才能去感知、体验和思考。现代技术却具有加速度趋向和缩短时间过程的功能。现代技术消除了时间的停滞，这会引起人的意识的虚无化倾向。在生产活动中，人必须适应高速的生产线的作业。从技术的观点来看，人作为劳动力是和机器等同的东西，都是被组织在生产功能的技术过程之中。在这里，对生产者的要求只是机械的精确性，而不是人的思维功能。同样，在登山活动中，人们是通过自己人格力量的发挥和意志的努力，在攀登过程中体验到一种情趣和快乐。但是如果把登山变为机械化，那么自动缆车便把登山的过程和结果分解开来了，人们可以毫不费力地从山脚直达山顶。通过技术手段确实减少了登山过程的艰辛，实现到达山顶的结果，但是，由此却使人失去了对于登山过程的体验，也剥夺了人们各种自由的尝试。这是一种技术抽象，它简化了过程而只保留了结果，它从人的生活中抽去了时间性过程，也抽去了人的体验和思考，造成人的意识的虚无化。

一般说来，科学技术是人们认识世界和改造世界的手段，但从更深的层次上看，科学技术不只是手段。正如海德格尔（M. Heidegger，1889—1976，德国哲学家）所说："技术不仅仅是手段。技术是一种展现的方式。"[1]这就是说，对手段的使用总是参与到对自然和世界的独特的构造之中，它参与了对事物存在的规定，从而是从某一个角度对事物的展示。一种新技术的应用就构造出人与世界的一种新的关系。生产活动作为一种技术的展示，它使自然朝向主体生成，但又往往使自然降

① ［德］冈特·绍伊博尔德著，宋祖良译：《海德格尔分析新时代的科技》，中国社会科学出版社 1993 年版，第 24 页。

低为仅供人们某种单一需要的物质材料。山峦成了采石场,森林成了木材供应地。技术体现了人对自然提出的强制性要求并且限定了自然的作用,这就使自然失去了它自身的丰富性。这里反映出人的认识和实践能力的无限性和有限性之间的矛盾。科学技术的发展正是在这些矛盾的运动中展开的,从而也必须不断地调节人与自然的关系。

对人的价值的思考

科学技术发展中出现的一系列问题涉及人们自身的生存状况,引发了人们对于利害关系的权衡。这使人们更加意识到,对于科学技术成果的运用必须趋利避害,由此提出了价值的观念。

价值作为主客体之间的一种关系范畴,它是事物满足人的需要的尺度。价值关系是由价值主体和价值客体两者组成的。在这里,人是价值关系的主体,这一主体可以是就单个人而言,也可以是就整个人类或某一集体而言。价值关系的客体包括自然界、人类社会以及人的精神世界等。任何事物,如果不能满足人的某种需要,便无价值可言。外在事物的某种属性是一种自在的存在,只有当它与人的需要联系起来,才成为一种为人的存在。就事物的属性或人的需要而言,它们的表现形态既有现实性的存在,也有潜在性的存在。当科学技术水平还没有发展到一定高度时,事物的某些属性还不能为人所认识和利用,这些属性便具有潜在的性质。随着科学的不断发现,物质的多样性潜在属性和价值便显现在人们的面前。

人的需要受主体的不同社会关系、文化传统、教养和个性特征等的影响,也表现出现实性和潜在性的区分。现实性的需要总是指向某一对象的,没有适当对象的需要则往往是潜在性的。一旦适应于人的某种需要的对象出现时，这种潜在性需要便转化为一种现实性需要。

价值作为一种尺度，必然存在质和量的特征。价值的不同质反映了价值客体属性对人具有的两重性。也就是说，价值可能是正，也可能是负。负价值便是事物对人具有负面效应。科技的异化使科技成果由它的正面效应转化为负面效应。这种负面效应即负价值，它可能是现实的，也可能是潜在的。前者的负面效应已经显露出来并形成了消极的社会后果，而后者要经过量的逐渐积累或社会环境的变化才会显现出来。科学技术社会应用的价值选择在于趋利避害，发挥其正价值，克服其负价值。这是社会发展中的永恒课题，也是一个不断深化的社会实践过程。它的实现只能在自然科学—技术不断发展的基础上，在与人文社会科学的结合和整个文化观念的整合过程中达到。

价值评价和价值选择的复杂性，一方面表现在价值取向的多层次性上：就科技而言，首先是社会生产力和整个社会经济发展的需要，其次是政治、军事以及社会体制变革的需要，再者是精神文化生活方面的需要等；另一方面表现在人与自然界的关系，即自然对社会发展的承受能力和实现可持续发展的关系上。但是，价值取向的核心应该是指向社会中每个人的自身价值的实现和人的全面发展上。这里体现出通过科技实现人与自然的和谐关系这一主题。

在价值关系中，个人既可以成为主体，也可以成为客体。所谓人的自身价值，反映了社会对于个人的价值评价。一个人是否对于社会具有价值，说明个人在多大程度上能为社会做出贡献，这也是个人价值的自我实现的目标。另一方面，人要满足生存和发展的需要，就必须从社会中获得各种物质和精神的依托。社会在物质和精神方面在多大程度上能满足个人的需要，社会能为个人的发展提供多少机会，成为个人对社会评价的一个重要方面。这里实际上涉及个人与社会的双向价值关系和双向需求关系。个人的价值实现正是在这种双向关系中实现的。而实现人的价值的途径,则在于人的全面发展和素质的提高,在于人的人格、理想和情操的培育,这也是本书的主题之一。

人类所追求的价值目标可以概括为真、善、美。美作为人的一种价值取向,不论在人类与自然之间关系的和谐发展上,还是在个人的全面发展和自我价值的实现上,都具有举足轻重的作用。美作为一种和谐,不仅具有“引真”的作用,而且具有“向善”的作用,能够使人生境界得以不断升华。

我写下一句：原始有名！（Logos，理性）
写到这儿就停顿！谁帮助我继续前进？
这名字我不能评价过分，
如果我精神上得到正确的启示，
必须另译从新。
…… ……
蓦然间豁然贯通，心领神会，
放心地译作：原始有为！（实践）

——歌德《浮士德》

二、人的行为方式的分化

科学认识和审美活动表现了人的不同精神活动能力和文化心理。我国美学家朱光潜（1897—1986）在《悲剧心理学》中曾经举过这样一个例子：有一位商人、一位植物学家和一位诗人，三个人同时在观看樱花。他们每个人都按照自己的思考习惯，那么就会引出三种不同的态度，从而对同一现实分别得到三种不同的印象。商人出于谋利的考虑，就会计算这种花在市场上能卖出的价格，并且和园丁讲起生意来。植物学家会去数一数花瓣，把开花的原因归结为土质肥沃和季节，给花分类并且赋予其一个拉丁文学名。诗人全神贯注地在观看樱花中忘记一切,把樱花看作一个世界。转瞬之间,这些花就变成了有生命的活物,对诗人微笑并引起他的同情。在这种交流中,诗人也化作了花,分享着花的生命和情感。

从上述例子可以看出,人们对现实生活的反应,会因人的行为趋向而有所不同。上述三种行为趋向分别代表了功利或实践态度、科学态度和审美态度,当然这里只是一种形象的比喻。功利或实践态度反映了人们日常行为的趋向,它是在维持生存的生产活动中形成的。社会生产劳动是人类最基本的生命活动,也是人类文化形成的起点。科学和审美,作为人的不同行为和反应,是文化发展的结果。要认识科学和审美反应的特点,得从人的生产劳动和行为特征开始。

1. 生产实践与人的行为方式

人是自然界中生物进化的产物。动物机能的活动,是由遗传的神经组织决定了它的本能和活动模式的。尽管某些动物筑巢的本领可能令人赞叹,但它与人的生产劳动具有本质的不同。蜜蜂的蜂房形成了精确的几何图形,这种六角形棱柱体不仅有最牢固的结构,也最省工省料。这是蜜蜂特有的动物本能,这种形式的获得只是蜜蜂操作的一种自然过程,实际上蜜蜂所做的直接努力,只是建造半球形的小碗,膜的厚度是依材料特性能做多薄便做多薄,然后把这些半球形的小碗一个紧挨一个地排列起来。这样半液体状薄膜的对称张力,在相互挤压中形成六边棱形的眼孔,使整个系统在这种结构中保持平衡。其中,六边形各边均以相等的120°角相交。这种动物生命活动虽然十分微妙,但它毕竟只是由低级神经系统控制的本能操作。动物只能按生物的自然法则生活，动物器官的特定化，限定了它的生存方式和生活空间。

然而，人类的活动不再单纯屈从于自然界的强制，而是超越了自然，超越了生物被动的角色。由此，人类也失去了它最初的家园——原始的自然生存环境。人类必须寻找一个新的家，把这个世界变成人类的世界，创造一个适于人类生存的家园。

主客体关系和对象化原理

人类生存的第一个前提，便是要从事生产劳动以获取生活资料。动物自身与它的生命活动是直接同一的，大鱼吃小鱼，小鱼吃虾米，动物生存的生活资料与它自身没有性质上的不同。人则与动物不同，人不是单纯地占有自然物，而是要通过生产劳动主动地改造自然物。这就使生产劳动成为人最基本的生命活动，也使人成为具有能动性的行为主体。人的生产劳动是以工具的制造和使用为特征的。当然，黑猩猩等动物也可以使用简单的物体作为猎食的工具，但这并不意味着动物与人处于心理活动的同一水准上，而只是说明人的意识发展在生物进化中有一定的继承性。在人的生产活动中，通过工具的中介作用，使劳动主体与劳动对象分离开来。

人的生产活动从一开始便是以群体的方式进行的，是社会性的活动。因为人的生物学特性，使其难以抵御外界的侵扰而单独地生存，所以只能依靠集体的力量。生产劳动的需要，促进了人们之间的协作和配合，从而产生了语言。正是劳动和语言的作用，才促进了人的意识的发展。通过生产劳动，人们逐渐取得对周围事物的认识，从而使人与世界之间形成了一种主客体的关系，人成为活动和认识的主体，外在世界成为人们认识和改造的对象。主客体关系的产生，对于人类的发展具有决定性的意义,生产劳动正是形成主客体关系的基础。

主客体关系说明,人的活动具有指向一定对象(客体)的特点。主体与对象的相互作用表现在主观和客观、意识和物质存在等不同的层次上。人的活动所指向的实体对象,对人说来是客观的第一性的存在。由对象所唤起的人的心理映象,作为人的活动的主观产物,是意识,即第二性的存在。在劳动活动中,人通过自身的活动改变着对象的形态,使主体的活动在客观产物身上转化为一种静止的属性,因此劳动是一种主观见之于客观的实践活动。同时,对象的原有属性又制约着主体的活动,使对象向活动过程过渡,转化为主体的活动要素,并内化为主体的心理结构。这就是人的实践活动的对象化过程。

人对于对象的心理反映,不是由对象单方面的刺激形成的,必须有来自主体的应答反应,才能产生映象。这就是说,从事感知活动的不只是感觉,而包括凭感官来感知的人。随着生产工具的使用,人类自身的形态不断向适应工具操作的方向变化。人类不再直接面向自然,单纯去适应自然,而是适应于使用工具的活动。这使人的大脑、双手和五官感觉得到不断的发展。人手的形成对于其他感官的发展产生了重要的反作用,使各种感官不断分化和精细化,视觉能力与触觉能力和肢体运动的联系,使视觉承担了更加普遍化的知觉能力,使人能看出超出视觉本身的内容,如物体的重量和硬度等。

对象化标志着人类有目的的对象性活动的过程和结果。它使人的能动的力量,通过活动的形式向物质存在的形式转化。在对象化过程的同时,也存在非对象化过程,即对象转化为主体的活动能力,从而使对象由它自身存在的形式,进入主体活动和存在的形式中。例如,人们用陶土制成陶坯,陶坯经过焙烧而制成陶器。陶器中凝结了人的活动,它是人的活动的对象化结果。而从非对象化的角度来看，陶器的制作要求陶工掌握特定的操作，并由此使陶工获得了有关制陶的知识和技能。

总之，对象化活动作为一种主体的活动，其结果表现在两个方面：一方面由主体的活动内化为主体的心理结构，即从感觉运动方面向意识和思维转化，产生出人的感觉、意识和文化心理；另一方面活动外化为客观的物质产品，即按一定目的改造了的客体的存在形式，它们构成了人工自然和人的对象世界。

对象化原理不仅适用于人的物质生产过程，也适用于人的需要、情绪和情感生活的过程。当人的需要只是表现为一种肌体的缺乏状态时，人的活动还无法形成具体的指向，它只能引起相应的生理机能和运动区的兴奋。当人遇到了符合需要的对象时，需要才能对人的活动产生指引和调节作用，从而形成人的行为的动机。因此，人的需要的发展也是以它的对象内容的发展这一形式进行的。影视手段的出现，满足了人们对形象直观的要求，也进一步激发了人们对于影视艺术的需要。"需要的形成是由于在人类社会中生产着需要的对象，而因此也生产着需要本身。"[①]所以，活动的对象性不仅产生出映象的对象性，也产生出需要、情绪和情感的对象性。生产活动作为满足人类生存需要的手段，使人满足需要的过程失去了动物生命活动所固有的那种直接性，这就为改变和发展人的需要提供了前提。

物质生产实践是人类社会实践的基础，但是不能把人的实践单纯

---

① [苏]阿·尼·列昂捷夫著，李沂译：《活动　意识　个性》，上海译文出版社 1980 年版，第 56—57 页。

归结为物质生产实践,广义的实践涉及人的社会存在各方面的具体物质活动形式,也包括社会政治的、科学的和艺术的实践。实践这一概念是马克思主义哲学的基本概念,也是理解历史唯物主义的核心。"马克思主义实践论的本质就在于把实践科学地理解为人类活动的独一无二的形式。实践包括人的一切有意识有目的的活动,只要它不只是限于知觉、表象、思想、情感,也就是说,只要它不只是限于唯一的心理行为。"①

美学研究并不排斥实践的概念,正是社会实践活动构成了审美形成的前提和归宿。著名匈牙利哲学家、美学家卢卡契(G. Lukacs,1885—1971)指出,人的实践具有一种物质—精神的工具结构,这种工具结构所包含的东西,要多于人直接有意识地置于其中的,它由直接活动所形成,结果却使潜在的东西逐渐成为显在的,使行动超出了直接的意图。

在把实践的概念引入美学时,首先需要明确:社会存在与社会意识、美与审美以及物质生产实践和艺术实践之间的区别和联系。在此,我们进入了美学的本体论领域。物质与精神、存在与意识的区分,是认识审美现象所无法回避的问题。马克思主义的辩证唯物论认为,社会存在和物质现象是第一性的,意识和精神现象是第二性的。人的精神是(大脑)物质发展的产物,意识是对社会存在的反映。审美作为人的一种精神活动,是社会意识的产物,它必然是由某种社会存在所决定的。那么在美学中,什么是社会存在层面的东西呢?这便是人类物质

① [法]保罗·利科主编,李幼蒸、徐奕春译:《哲学主要趋向》,商务印书馆1988年版,第456页。

生产实践及其所创造的审美价值关系，它们是一种社会存在。因为价值存在于主客体之间的关系之中，而审美价值关系即存在于主体的审美需要与客体满足主体审美需要的关系之中。

人的需要是在社会实践过程中不断发展和丰富的，并且是以对象的存在为前提的。自我实现和在对象中直观自身的感觉，是人产生审美经验和审美需要的根源。对此，黑格尔曾经指出："人有一种冲动，要在直接呈现于他面前的外在事物之中实现他自己，而且就在这实践过程中认识他自己。人通过改变外在事物来达到这个目的，在这些外在事物上面刻下他自己内心生活的烙印，而且发现他自己的性格在这些外在事物中复现了。人这样做，目的在于要以自由人的身份，去消除外在世界的那种顽强的疏远性，在事物的形状中他欣赏的只是他自己的外在现实。"①

这就是说，物质生产实践构成了美学研究的逻辑起点，实践论构成了马克思主义美学的理论前提。其所以如此，正是物质生产实践才创造了具有审美价值的社会存在，由此才形成了人的审美意识和审美需要。"美的本质在人们改造现实的能动的生活、实践之中，主张从主体实践对客体现实的能动关系去探求美的本质……美的本质是真与善、规律性与目的性的统一，是现实对实践的肯定。"②

艺术实践虽然是人的一种物质活动和艺术生产过程，但是它和物质生产实践相比毕竟是不同的，是第二性的范畴。因为艺术作为一种精神生产，是社会意识领域的东西，它并不改变人的现实关系，因此从

① [德]黑格尔著，朱光潜译：《美学》第一卷，商务印书馆 1986 年版，第 39 页。
② 李泽厚：《美学论集》，上海文艺出版社 1980 年版，第 199 页。

本体论的意义上说,美的根源只能存在于物质生产实践中,而不是艺术实践中。前者是人与现实之间的变革关系,后者只是人与现实的反映关系。根源存在于人与现实的变革中,它是第一性的东西,是形成审美价值关系的依据。当这种关系确立后,又是原始艺术活动,即带有直接功利目的的实用艺术活动的发展,进一步培育和强化了人的审美意识和审美需要。由此使人的审美需要从不自觉的状态转化为自觉的状态,从而使艺术成为人的审美意识的集中表现。这里存在审美发生学和美的本体论上两种不同层次的问题,不能混淆在一起。

与此相类似的是,当人们把美的本质界定为人的本质力量的对象化或自然的人化时,以及谈到审美的主客观统一时,也会指现实存在层次与观念层次上不同的人化或统一。作为现实的自然人化或主客观统一,是人改造自然的结果,它是审美产生的社会存在前提;作为观念的自然人化或主客观统一,则是人的情感投射或拟人化的观照,它是在具体审美过程中人的一种心理活动。

此外,在谈到审美时,可能涉及审美对象与审美主体的不同含义。审美对象总是相对于审美主体而言,两者都可能在不同的意义上使用。审美主体可以是指一个具体的具有行为能力的个人,也可以就一般意义泛指整个人类。从整个人类文明的发展进程上来说,没有审美主体,便不存在审美对象,这是指人类审美意识产生之前的情况;而没有实践主体也不会有审美对象,这是从美的本体论上指出审美对象是人类生产实践的产物。从具体的审美活动来说,审美对象可以泛指具有一定审美价值属性的对象,也可以专指审美主体以审美态度所指向的对象。审美态度是主体进行审美活动的精神前提。我们把审美态度看作是构成审美关系的中介和契机。

作为文化汇合点的日常生活

自康德以来，西方美学在分析人的精神活动时，往往是从人的心理要素的知、意、情三分法来分别对应于真、善、美的本质。在这里，审美、认知和实践之间的联系被切断了，实际生活对艺术和审美经验的影响以及艺术对社会生活的影响被人们忽视。

对于艺术和审美的根源问题，杜威(J. Dewey，1859—1952)曾经指出：艺术和审美的源泉存在于人的经验之中，同人的日常生活经验有不可分割的联系。因此，真正要理解艺术和审美经验的意义，就必须暂时忘记这些艺术品，把它们放在一边，却去求助于一般力量与条件下产生我们通常并不认为具有美学价值的经验。也就是说，要从日常生活经验入手。[①] 例如，当你看到那些精神高度紧张但姿态优美的球员感染着观众，看到家庭主妇在栽花时如何满心喜悦，而男主人在照料屋前草坪时又怎样专心致志、情趣满怀时，在幻觉中你自己好像也被卷了进去，而不再是一位淡漠的观众。这时，你也会感受到一种审美经验。

揭示艺术与社会生活的关联，在现实生活的有机联系中去把握审美、认识和实践的相互作用，成为卢卡契美学研究的侧重点之一。在《审美特性》一书前言中，卢卡契开宗明义地指出："人在日常生活中的行为是第一性的。""人们的日常行为既是每个人活动的起点，也是每个人活动的终点。"[②]这就是说，如果把日常生活看作是一条长河，那么由

---

① 参见约翰·杜威《经验的掌握》，见[美]麦·莱德尔编，孙越生等译《现代美学文论选》，文化艺术出版社 1988 年版，第 140 页。

② [匈]L. G. 卢卡契著，徐恒醇译：《审美特性》第一卷，中国社会科学出版社 1986 年版，第 1—2 页。

这条长河中分流出了科学和艺术这两种对现实更高的感受形式和再现形式,它们互相区别并相应地构成了特定的目标,取得了具有纯粹形式的——源于社会生活需要的——特性,通过它们对人们生活的作用和影响而重新注入日常生活的长河。只有在人类生活的发生、发展、内在规律性及其根源的动态关系中,才能推导出人对现实进行科学反映和艺术反映的特殊范畴和结构。这就是说,日常生活是文化的生长点和汇合点,它不仅推动各种新的文化形式的产生,而且承受和汇聚了各种文化的成果。

显而易见,人对现实反映方式的分化是基于人的活动的不同对象性特征。在日常生活中,人们如何布置房间、如何安排生活日程以及如何教育子女等,都是一种对象化过程。当然,生活中也有非对象化的过程,如睡眠是满足人的生理需要的过程,却不是对象化活动。在日常生活中,人们面对着各种不同性质的对象和不同层次的活动,因此它们具有一种异质性特点。然而,科学反映和审美反映却具有单一性特点,它们所涉及的对象分别具有同质性。如绘画运用的是视觉同质媒介,各种现实的和观念的因素只有转化为一种视觉语言才能进入绘画形式中,科学则是利用概念、命题等形式来反映现实的。

科学的和审美的反映方式是在日常生活的基础上形成的,二者逐渐分化开来并与日常生活处于不断的相互作用之中。“科学的和审美的反映的单一性,一方面与日常生活的复杂的混合形式具有明显的界限,同时另一方面这种界限又不断消融。因为这两种分化的反映形式是由日常生活的需要产生的,要回答日常生活所提出的问题;这两种反映形式的许多成果又融合在日常生活的表现形式中,使这些形式更广泛、更分化、更丰富、更深刻,从而使生活不断向更高的方向发展。"①

日常生活是个人再生产要素的集合体,也是社会生活的基础。那么日常生活具有什么特点呢?首先,人的日常生活具有功利性和感性直接性的特点。在日常生活中,人的活动是以实践态度为主导的,以一定的功利目标为取向。"日常思维充满着感觉,它最接近于'感觉',同时,它也充满着情感。……我们的日常概念是非常图式的和高度想象的。"②当人安排或预想自己的行动时,总是以从前的感觉经验为基础而加以想象,设想出结果。在期待的思维中,往往伴随着某种恐惧或希望的情感,这取决于预见到的是成功还是失败。当人考虑外出拜访时,这种考虑也极大地受情感的影响,即他是否喜欢这个人、这种交往是否令人厌烦,这都影响到他的行动决定。

感觉、思维和情感在日常生活中相互关联并构成人的认识和行为的特征。在实质上,它们彼此不可分割。当一个人把某件事做得很好时,当人们相遇时,当人们凝视夜空时,谁能在感觉、情感和认识之间划分界限?所以,当人们调整到适应于某种类型的感觉、对象、形式、色彩时,这意味着我们的感觉是为理性的先验图式所改变。德国哲学家胡塞尔(E. Husserl,1859—1938)把对事物的日常态度称之为"自然的"态度,这并不是说科学态度和审美态度是"不自然的",而是说这些态度在人类学和本体论上相对日常态度而言是第二性的。

其次,日常生活中人的思维与实践之间具有直接的联系,即实践具有思维直接性的特点。人们对于自己周围的环境,是根据它的实际功

① [匈]L. G. 卢卡契著,徐恒醇译:《审美特性》第一卷,中国社会科学出版社 1986 年版,第 3 页。

② [匈]阿格妮丝·赫勒著,衣俊卿译:《日常生活》,重庆出版社 1990 年版,第 216 页。

用而不是它的本质特性来判断和把握的。也就是说,迫于现实反映的紧迫性,人们主要根据感觉经验做出判断。这种日常思维虽然具有一种自发的唯物主义倾向,但是在认识上却有极大的局限性。人们往往采取类比的方式,把具有某种相似性的不同事物联系在一起,由此形成推论。原始时代的物活论,即万物有灵论以及巫术、图腾观念便是从人的主观感受出发,形成对世界的拟人化类比。相传孔子在周游列国时,遇到两个孩子在辩论:太阳究竟是早晨离地面最近,还是中午离地面最近?一个孩子说早晨太阳最大,所以离地面最近;另一个孩子说中午太阳光最热,所以离地面最近。当他们争执不下而问及孔子时,孔子也无言以对。因为这已经超出了直观理解的范围,不能应用类比推论的方法来回答。

再者,在日常生活中,模仿对人的活动起着重要的作用。依照模仿的对象可以将模仿区分为行动的模仿、行为的模仿和召唤模仿[①]。所谓行动的模仿是指活动技能的学习,在行动中,对象与动机是彼此明确区分开的。行为的模仿则是指向一种行为模式的习得,它涉及相应的行为规范,其中包含行为社会意义和价值的内涵以及意识形态内容。召唤模仿在于唤起某种情感态度。因为人们的交往不仅包括传达一定的内容,而且要唤起人们的某种情绪反应。这种模仿对艺术的产生和发展具有重要作用。

艺术自产生以来便是日常生活不可分割的组成部分。这不仅是说审美反映方式形成的前提和初始原型是内在于日常反映方式之中的,

---

① 参见[匈]阿格妮丝·赫勒著,衣俊卿译《日常生活》,重庆出版社 1990 年版,第 183 页。

艺术和日常感受都具有拟人化和以人为中心的特点；而且审美经验也总是以某种形式出现在日常生活的经验之中。当我们创作和欣赏艺术作品时，我们是从自己亲身经历和感受的日常生活出发的，我们总是依据于自己日常的情感经验和生活积累。当然，经过提炼和创新的艺术的感受和观察方式也会影响日常生活的感觉和体验方式，如印象主义绘画，使我们以前所未有的方式去感受色彩。

自然科学则是以非拟人化（非人格化）的眼光看待世界的。当科学愈是非拟人化时，愈是与日常感觉方式不同，它就愈难以直接进入人对世界的知觉模式。例如，太阳在日常经验中是东升西落的，而科学告诉我们，地球是围绕太阳旋转的。科学思维出现以后会以各种方式渗入日常生活。首先，是以科学知识的形式参与和丰富了日常思维，因为科学世界观在日常生活中具有一种定向的功能。其次，科学技术成果在日常生活中的大量应用，使人们不断熟悉和适应技术的要求，否则就无法维持日常生活的正常运行。

2. 大脑的逻辑半球与情感半球

人的科学活动和审美活动表现出人的行为方式分化的两个极点，一种活动在其结果中要排斥个人情绪和情感色彩，通过客观地观察、分析和综合求得一种明确的认识，而另一种活动却要以情感为中介，在整体性感知中求得某种意会和体验。那么这些不同活动的内在机制是什么？它的生理—心理学根据何在呢？

20 世纪初叶，生理学家巴甫洛夫在高级神经活动研究的基础上提出了有关艺术型和思维型的人的类型学说。后来，卢卡契从两种信号系统的区分中，敏感地发现在以语言为基础的第 2 信号系统与动物水准的条件反射即第1信号系统之间,必然存在一种以感性激发和体验为基础的新的人的感性领域,他称之为第1′信号系统。卢卡契认为,这两种信号系统才构成科学和艺术活动的心理学基础。

20世纪80年代对裂脑人的研究,终于揭示出大脑两半球功能的特化,它们是以不同方式进行信息处理的。左脑是处理言语信息、进行逻辑思维的神经中枢,而右脑是处理表象信息、进行形象思维的神经中枢,右脑主管人的视空间知觉、形象记忆、模式识别、身体感受和情绪反应。可以说,人的大脑左半球是逻辑半球,右半球是情感半球。这就为揭示人的行为方式的分化提供了生理—心理学的依据,也为人的潜能的发挥指明了方向。

条件作用和人的类型学说

有关人的类型学说,最早可以追溯到古希腊医学家希波克拉底。他根据有机体内各种体液的数量关系来区分人的气质类型,将人分为多血质、胆汁质、黏液质和抑郁质四种,它们代表人的不同气质类型。

巴甫洛夫在高级神经系统的研究中,也发现了四种神经系统的基本类型,和希波克拉底对人的气质的分类相吻合。神经系统的活动基本上是一个兴奋和抑制相交替的过程,其活动特性表现在不同的强度、均衡性和灵活性上。巴甫洛夫从大量实验中归纳出四种类型:第一种是弱型的,它最不能适应生活,经常呈现出恐怖状态,即相当于抑郁质;第二种是强型的,但又是不均衡的、不可抑制的类型,即胆汁质;第三种是强型、均衡且富有灵活性,即多血质;第四种是强型、不均衡且缺少灵活性的,即黏液质。

条件反射作用构成了巴甫洛夫对高级神经活动研究的基础。所谓反射，是指有机体通过神经系统的一定部分对外界刺激产生的应答。神经系统的反射有两种：一种是对一定刺激物固定不变的反射，这是动物由遗传获得、与生俱来的，如食物反射、防御反射和性反射，它们是动物维持生存必需的本能和最初的反应方式。例如动物受到疼痛的刺激，便会产生退缩反应，这便是防御反射。另一种是条件反射，它是与无条件反射相关联的环境刺激引发的反应。这种环境刺激的条件作用是动物与环境变化建立暂时信号联系的途径，对于动物维持生命活动具有重大意义。例如，在动物获得食物的同时出现节拍器的声响，这种声响与食物的结合出现多次以后，当节拍器再响时就会像食物出现一样，动物会产生分泌唾液的食物反射。但若诱发的刺激消失或长期中断，那么这种条件反射也会消失。条件反射作为对环境变化的一种应答性反应，可以使动物及时避开各种危险。当看到火光、嗅到烟味或听到噼啪作响的燃烧声，动物都会表现出避开的反应，这是动物在经历多次火灾经验之后取得的条件反射能力。这种以直接的现实刺激物为信号建立的条件反射，巴甫洛夫称为第1信号系统。

动物的条件反射，是以获得适应性定向作用为终点的。对于人说来，语词通过与第一级信号即条件刺激物的联合，可以获得第二级的信号功能。语言要素以概念化的内容替代第一级条件刺激物，成了信号的信号。这种以语词为媒介的信号系统称为第2信号系统，它建立在第1信号系统基础上，构成了语言和思维的基础。人是依靠这两种信号系统协同工作的。人的行为自动化，便是建立在条件反射的基础上。例如学习打字时，开始需要看打字机的键盘，逐渐便代之以手指的自动运动，而不再用视觉来选键。熟练的打字员在打字时并不用思考，而依靠手指自动操作，这便是一种条件反射。

在两种信号系统学说的基础上,巴甫洛夫又提出了一种人的类型学。他说:“由于两种信号系统,由于以往各种生活方式的长期不断的作用,人类可以划分为艺术型的、思维型的和中间型三种类型。后者是前两种类型的适当的结合。”[①]巴甫洛夫认为,艺术型的人,其第1信号系统的作用占优势;思维型的人,其第2信号系统的作用占优势。艺术家和思想家之间具有巨大的差异。艺术家是从整体上把握现实,同时保持了现实的鲜活性质;思想家把现实分裂开来,先把现实凝固化,做成骨架,再使其复活。这种类型的划分,是基于两种信号系统的区别,但也可以从大脑皮质特性得到说明。

巴甫洛夫的分类,实际上把艺术家类型置于动物水准上了,因为艺术家不是基于语言和第2信号系统,而是基于第1信号系统,即以直接感受的印象来把握外界。显而易见,艺术的感受和创作并不能单纯归结为条件反射,但是,这种类型划分却突出了艺术思维的感性形象化和整体性特性。尽管巴甫洛夫的分类有简单化的弊端,但却包含了某种科学预见的萌芽,为人的类型划分提供了启示。

一个新的感性领域

在日常生活中,人们也常使用“艺术”一词。在赞赏一位烹调技师的手艺或某一骑手的骑术时,人们可以称之为“烹调艺术”或“骑术”。当然,这只是表达一种赞赏,并非要把烹饪和骑马都列入某种艺术门类。这表明,这些手艺或骑术已经超出了一般技巧和能力的水准,包含

---

① 中国科学院心理学研究室编译:《巴甫洛夫学说与儿童心理学》,中国科学院出版社1954年版,第32页。

了新的创造因素。在这类熟练的操作中,无疑包含大量的条件反射。但对于那种新的、非预期情况所做的反应,肯定超出了第1信号系统的范围。这种反应速度之快,也说明这反应不是依赖第2信号系统,不是靠概念的判断和逻辑的推理实现的。卢卡契在《审美特性》一书中,将这种反应系统称为第1′信号系统,实际上就是说,这是一种在人的理性培育下形成的新的感性领域。

在人的日常交往中也存在大量的这类现象。人们的社会礼仪是通过语言的作用使之定型的,如新兵入伍后的训练、学生入学后学习秩序的建立等。训练越好,越容易形成自动的反应,这时语言便起了直接信号的作用。天长日久,它们转化为一种自动的功能性条件反射,使人们将这些礼仪自由地用于各种人际交往进而形成惯例。但是,当人们处于一种以前根本没有规定过的情况下,或者在陷入某种困境或复杂状态时,人的行为如何能做到符合礼仪要求而举止得体呢?在不借助语言的情况下,人们仍然能依靠手势、微笑、点头等动作起到礼貌语言所起的作用。即使利用语言时,也并非单纯通过语言的思想意义起作用,而是靠语调、伴随的面部表情和姿态等一起发挥作用。此外,这里使用的言词也不是由思考产生的,不是经过分析和推理的结果,而是由想象力对这种复杂关系的一种闪电式的定向。也就是说,这时的行为在内容上虽然是理性的,但不是依靠第2信号系统和概念思维的结果。卢卡契把这种作用看作是第1′信号系统的机制。

日常生活不是那种允许人们长时间思考最佳棋路的对弈,因此,在日常生活中直觉具有重要作用,许多情况要在眼睛一瞥的瞬间来把握。在人的某些交谈或表述中,也会以一种逻辑上简化了的形式表现出来,使其观念内容远离纯粹思维的推理过程而赋予它一种形式,以这种方式激发起人们直觉地理解。这时唤起的不仅是思想,而首先是一种体验、情感或感觉等。思维是指向客体本身的,而情感主要是指向客体对主体所具有的意义。以体验的方式而不是以思考的方式做出的反应,便是直觉的一个特点,这是一种新的感性活动方式。

那么,第1′信号系统与第1信号系统有什么区别呢?换句话说,人的这种新的感性活动方式与动物行为方式或对条件刺激物的直接反应有什么不同?例如,当剧场发生火情时,有些人可能陷于慌乱之中,在恐慌中想尽快逃离现场;而有些人却能对火情做出判断,沉着地采取对策,并果断地疏散人群。前一种表现是一种单一的直接性反应,具有第1信号系统的特点。而在后一种表现中,作用于人身上的不仅是单一的刺激,而是在人身上调动起一系列确定的动机,这些动机是由他们的整个生活产生的,并与他们的过去和未来相联系。当然,这种临危不惧和沉着应战的行为方式也可以通过军事训练等养成,即以条件反射的形式固定下来。

日常的人际交往并不完全依靠语言即第2信号系统,而往往依靠第1′信号系统所产生的激发效果。如在对话中,语调、几乎难以觉察的抑扬顿挫或沉默,有时对于理解真正的意义比词汇本身更起作用。激发在日常生活中是一种独特的传达方式。“从生理—心理学对人的认识的观点出发,把激发完全当作审美范畴也是错误的,正如我们已经在关于想象问题上所说明的。”①关于激发的传达作用,如笑本身就能立刻表达主体与对象的关系,并且是可以传达人的感情、态度、行为方

① [匈]L. G. 卢卡契著,徐恒醇译:《审美特性》第二卷,中国社会科学出版社1991年版,第377页。

式等普遍性的表达手段。笑可以有不同的指向，人们可能出于赞同或反对而对人发出善意的或敌意的、赞赏的或轻蔑的笑。笑与主体本身的素质也有不可分割的联系，成为人的本色的一种征兆。正直或狡黠、纯朴或奸诈、开朗或抑郁等都可以通过笑直接表现出来。

第1′信号系统作为一种传达和表现方式，如同第2信号系统一样，可以唤起一定的氛围。“氛围的形成是作为由各种个别印象和联想组合成的具有统一激发作用的一种具体系统。”[①]语言可以成为具有一定氛围的情感激发工具。例如，在给友人写的书信中，虽然内容和主要词汇不变，但通过语气词的调节可以使相同的词义获得不同的氛围和效果。同样，非语言的形象要素也可以产生一定的氛围。一个房间的布置可以给人舒适或不自在的不同感觉，即使华贵的家具也可能给人一种冷漠和厌恶的印象。托尔斯泰在《战争与和平》中描写了当康斯坦丁和凯蒂·列文去拜访在偏僻省份旅店中濒临死亡的兄弟时，凯蒂利用随身带来的一些什物把房间做了调整和装饰，马上就成功地使令人反感的旅店房间营造出某种家庭的温馨气氛。氛围的产生往往并不在于直接去表现某种意图，而是在自发性中的一种流露。

卢卡契在对精神分裂症患者思维活动的研究中指出：“各种精神病患者，首先是精神分裂症患者，虽然他们的思维能力，因之第2信号系统完全受到了损害，但是却能用造型的手段去表达，也就是说他们的第1′信号系统并不像其他高级反射系统那样，产生同样的瓦解和畸变。”[②]

① ［匈］L. G. 卢卡契著，徐恒醇译：《审美特性》第二卷，中国社会科学出版社1991年版，第383页。

② ［匈］L. G. 卢卡契著，徐恒醇译：《审美特性》第二卷，中国社会科学出版社1991年版，第397页。

例如,慕尼黑和卡尔斯鲁埃工艺学校的毕业生弗朗茨·波尔(Franz Bohr)便是一个典型。患者原来就掌握绘画技巧,患病以后,他的语言能力越来越混乱,他说的话越来越不可理解。与人交谈已经不可能,但他却不断地进行绘画,并由开始阶段的写实风格转向一种独特的幻想性。从绘画的心理学特质上看,其前期的绘画仍有对整体气氛的感觉和对其构图表达的执着追求,但后期整体观念越来越混沌,构图也变得混乱,然而在画中仍能保持色彩的和谐。

在诗歌艺术中也有类似的情况。德国诗人荷尔德林在精神错乱期间所作的诗歌,虽然思路混乱了,但仍然保持着诗人真正的感受能力,把所见到的东西转化为激情的语句,还有恰当的韵律感。

我享受了今世的快慰与欢畅,
青春的时光去了,多久长!多久长!
四月、五月、七月啊已经隐没,
我一无所是,不愿再这样生活。

由此,卢卡契指出,“现在可以说艺术是第 1′信号系统的相应的客观化”,“只有利用第 1′信号系统对其激发效果产生有意识的引导,才能完成对客观现实的加工制作”①。在这里,他已经预感到人的大脑功能存在两种不同的机制。

大脑两半球功能的特化

人的心理活动是大脑的功能。最早指出这一点的是希波克拉底,

① [匈]L. G. 卢卡契著,徐恒醇译:《审美特性》第二卷,中国社会科学出版社 1991 年版,第 412 页。

他在《全集》中指出，我们因为有脑，所以就能思考，能判断善恶和美丑。我国《黄帝内经·素问》中也有相关的记述："诸髓者，皆属于脑。""头者，精神之府。"但是，人们往往还是把思想情绪和个性品格与人的五脏相联系，常说"心碎了""胆小的"以及"发脾气"等。1811 年，奥地利医生加尔(F. J. Gall)提出了脑功能定位的观点。他发现，神经并非集合到脑的中央的白质部分，而是各自通到大脑表层的灰质的某一确定部位上。加尔推论说，大脑皮质的不同部分主管来自身体不同部位的感觉，同时把有关的反应信息传出去。皮质的特定部分与精神活动的特殊性质相关，特定部分的发展程度将反映一个人的性格或智力。[①] 然而，他的这一观点后来被发展为荒唐的"颅相学"，认为通过测量颅型便能推知脑型，进而评定人的心理品质和人格。

之后，人们逐渐发现了左右脑半球对身体各部位感受功能的形成有交叉分工。例如左脑与双眼视野的右半侧具有神经联系，而右脑却与左半侧视觉有联系。左脑控制右手的运动，而右脑控制左手的运动。左右脑半球功能差异的最大证据是对左脑言语功能的发现。每当右利手(以右手写字)中风患者的右侧身体出现瘫痪时，一般也会出现言语障碍。这是因为右侧身体是由左脑支配的，言语中枢是在左脑。因此，人们认为左脑具有优势地位，而右脑是无语的，在意识活动中必定处于劣势。

1952 年，美国心理生物学家斯佩利(R. W. Sperry，1913—1994)及其学生在芝加哥大学做动物实验，探索胼胝体的功能。他们发现，胼胝

① 参见[美]I. 阿西摩夫著，阮芳赋译《自然科学基础知识：人体和思维》，科学出版社 1978 年版，第 144 页。

体是传递左右脑之间感觉信息和运动指令的通道。切断了胼胝体乃至视神经交叉的猫,不仅能恢复正常活动,而且不影响它的感知能力。猫的左右脑在失去神经联系以后,通过训练各自都能完成识别任务。这就是说,动物右脑也是独立的信息处理系统。那么,人的右脑是否也与动物的右脑一样,具有独立的信息处理能力呢?斯佩利及其合作者对"裂脑人"进行的实验研究在 1981 年取得了突破性的进展①。

"裂脑人"是指原有癫痫症,为控制患侧脑的疾病影响到另一侧脑而进行了隔离左右脑手术的患者。手术的实施便是切断两个主要的前脑连合部——胼胝体和前连合。手术的结果可以缓解甚至消除癫痫症,一般很难发现患者在行为上有什么异常。但是在严格的测验中会发现,手术后患者的左脑不能感知左手的活动,虽然左手能完成某种任务,但患者却不能正确地说出。

斯佩利等人设计了一个实验,让一位男青年裂脑患者通过特制的半视野阻断仪来识别人物。此时只能用右脑来完成。实验者在 30 分钟内给该患者从容地展示各种照片,其中有他的亲友、社会名人、历史人物及他本人的照片等。由于他的右脑无语言能力,实验者要求他看到照片时用左手手势做评价,拇指向上表示赞赏,向下表示讨厌。当他看到漂亮姑娘、芭蕾舞演员和丘吉尔等人物时,便拇指向上,而当看到希特勒和战争场面时,便拇指向下。有趣的是,当时正值揭露水门事件时期,因此患者对尼克松照片的表态开始犹豫不定,后来拇指平伸表示中立,而对患者本人的照片,他咧嘴一笑并拇指向下,表现出一副谦恭

---

① 参见傅世侠《左、右脑功能特化与信息处理方式变革》,见傅世侠、张昀主编《生命科学与人类文明》,北京大学出版社 1994 年版,第 136 页。

而幽默的神态。

通过大量研究，左右脑功能特化的理论得以确立——大脑两半球各有功能分工，左脑具有言语功能的优势，右脑具有非言语功能的优势。左脑可以称为逻辑半球，它的功能主要在于语言、计算和逻辑推论，其思维具有连续性、有序性、分析性和逻辑性；右脑可以称为情感半球，它的功能主要在视空间知觉、形象记忆、模式识别、身体感受和情绪反应，作为形象思维具有整体性、不连续性、弥散性和空间依赖性的特点。正是这种大脑功能上的特化，影响和决定了人的认知过程的各种特性，并构成科学活动和审美活动分化的心理根据。

大脑信息来源于人的感觉和知觉。人的感觉是人通过感官获得的对外部刺激的觉察，知觉则是对感觉信息的组织和解释。知觉是在人的已有知识经验的参与下把握感官刺激的意义，把感觉信息组成有意义的对象。因此，知觉具有整体性、理解性和恒常性的特征。整体性说明知觉总是趋向于将知觉到的具有不同特征的各部分组成一个统一的整体。理解性说明知觉是根据人的理解来组织知觉内容并对它们做出解释。恒常性是指当距离、缩影比、照明度改变时，知觉对象的大小、形状和颜色保持相对的固定性，由此使人能在运动和时间变化中辨认对象并适应环境。

视空间知觉是视觉对三维空间的立体把握。人眼的视网膜是二维空间的表面，但为什么人能觉察出距离和立体感呢？人在空间知觉中依靠深度线索的参照作用，最后通过大脑的整合活动形成了物体的空间关系的知觉。三维知觉主要靠双眼视差来实现。单眼依靠外界物理条件和经验也可以形成许多深度线索，如遮挡关系、透视关系、距离与视网膜成像大小的关系等。视空间关系的整合信息便是右脑的功能之一。

在现实生活中,人们看到的不是单个的要素,而是有结构关系的物体、人物、文字的组合,它们分别构成不同的模式。模式是指相关要素按一定关系形成的刺激结构,对模式的识别是重要的知觉过程。模式的识别是依据在人的记忆中形成的对各类客体概括性特征的原型。例如人的面部特征,根据眼睛的大小、位置,额头的高低,鼻子的长短高低以及脸型的不同,可以构成若干原型,进而成为人们分辨不同面孔的一种依据。模式识别也是右脑的功能之一。

形象记忆作为右脑的一种功能,关系到人的知觉能力、想象力、情绪体验以及整个心理活动。记忆系统包括三种类型的记忆:感觉记忆、短时记忆和长时记忆。感觉记忆是一种感觉滞留现象。外部刺激作用于感官产生感觉象之后,当刺激作用停止时,感觉象仍可维持极短的时间。对于视觉来说,便是视觉滞留或图像记忆;对于听觉来说,感觉记忆便是声象记忆。它们发生在以毫秒计的时间间隔内。由感觉记忆进入短时记忆,它所贮存的信息具有不同于原来感觉的形式,要进行变换或编码,贮存可持续至三十秒。短时记忆是长时记忆的缓冲器和加工器,经过多次重复可使信息进入长期的记忆之中。左脑对言语的记忆具有同样的机制。

想象作为一种表象的活动,是右脑的功能。它是人脑将原有的表象进行加工改造,从而形成新的表象的心理过程。想象所形成的新表象的素材来源于原有的旧表象,是将其加以分解然后再综合起来。从想象与意识状态的关系,可将想象分为无意想象和有意想象。前者是没有预定目的、无意参与也不经意识努力形成的想象活动;后者是按一定目的、自觉地做出一定意识努力的想象活动。当人们捕捉到有益的无意想象时,可将其转化为有意的,从而发挥想象的创造性功能。根据想象内容的新颖程度可将想象分为再造想象和创造想象。前者是依据语言的描述、图样、符号或标识等示意再造出相应的新形象,它可以重现别人所感受或创造的事物;后者是依据一定指向独立形成全新形象的过程。正如刘勰(约465—约532)在《文心雕龙·神思》所说:“文之思也,其神远矣。故寂然凝虑,思接千载;悄焉动容,视通万里。吟咏之间,吐纳珠玉之声;眉睫之前,卷舒风云之色:其思理之致乎。故思理为妙,神与物游。”在想象中,意象可以跨越千百年的时间,视界可以扩展到万里之遥,构思的奇妙可以使精神与外在世界沟通交融。

总之,人的右脑在人的智力和心理功能的发挥中占有重要地位。“右脑除了具有一般视空功能外,人们的一些高级认知能力,诸如记忆力、想象力,乃至直觉洞察力,以及情绪表达和意志控制,尤其是作为一个正常人的一些更为重要的个性倾向性或人格特征,如主动精神、幽默感等,都与右脑功能密切相关。”①

人的左脑关系到人的理性认识能力和语言传递功能,对于人类文化的发展具有更直接的作用,因此,长期以来在学校教育中受到更多的重视。左脑的言语功能是随着人类劳动和相互交往而形成的。从人类的发展过程来看,人们对于经验的普遍化加以语言的固定,对于经验的保持和进一步展开提供了重要的工具。语言的形成使人的意识由表象上升到概念的层次。语言给直观和表象赋予一定的名称,从而使它具有更高的规定性和明确性。通过语言的表达才使外部世界的对象和过

① 傅世侠:《左、右脑功能特化与信息处理方式变革》,见傅世侠、张昀主编《生命科学与人类文明》,北京大学出版社1994年版,第144—145页。

程的映象由直接刺激的动因中分离出来,获得普遍的应用。从而使人的思维超越了对外部世界的直接反应,不再只根据表象来重认对象,取得了思维的主动性和独立性。因此,处于和概念不断转化中的直观和表象,与原来动物水平的反应有了质的不同。这里也体现了人的左右脑之间的协同配合。

对左右脑功能特化的认识,有助于我们理解科学和审美反映方式分化的生理一心理根源,也有助于我们更好地发挥人的心理潜能。

3. 科学技术与艺术的分野

科学技术和艺术的概念是一种历史的范畴。也就是说,在不同的社会发展阶段,人们对于这些概念有不同的理解,因此它们所涵盖的内容是随历史的发展而变化的。

技术作为物质生产的手段,它的形成和发展必然与社会物质生产的发展相平行。因此,从人类打制石器等工具开始便出现了技术。技术是人对自然界有目的性的变革,它反映了人作为自然界的一部分对整个自然界的能动关系。技术的作用是把天然自然转化为人工自然,这种变革受自然规律的支配,需要遵循自然规律进行。但是,它又是适应于人的需要而产生的,它的发展必然受社会的控制和调节,构成了社会实践活动的重要组成部分。

自然科学与技术的区别是显而易见的。自然科学以反映和认识自然为目的,回答世界"是什么",将自然规律以知识的形态反映出来;而技术以利用自然和改造自然为目的,回答实践活动"怎样做"的问题,它的成果表现为物质形态的东西。在18世纪中叶以前,技术推动了科学的形成和发展。由土地丈量技术发展出几何学,由古代建筑技术形成了力学。当时技术的发展依赖于生产经验的总结,科学则依靠对技术的总结。以瓦特蒸汽机的发明为标志,科学逐步发挥了对技术的推动作用。因为离开了热力学概念的指导,蒸汽机的改进和内燃机的发明都是不可能的。到现代,科学技术逐步趋向一体化,技术科学成为沟通科学与技术的中介,从而使它们融合为一个有机的整体。

艺术作为一种社会精神现象和精神生产,它滞后于技术的产生,并以一定的物质生产水平和技术熟练程度作为前提。原始的宗教和巫术观念对于艺术的产生起着某种催化作用,同时艺术的起源又与审美意识的发生交织在一起,由此使审美属性最终成了艺术的本质特征。

技术的构成和历史发展

在古代,技术是人的手艺、技巧、技艺和技能的总称。在当时,生产力水平极为低下,技术的物质手段也比较简陋,技术活动主要是依靠人类长期积累的经验和技巧。因此,人们对技术的理解更偏重于技术中的主体因素。《说文解字》中称:"技,巧也,从手支声。"《庄子 · 天地》篇中说:"通于天地者德也,行于万事者道也,上治人者事也,能有所艺者技也。技兼于事,事兼于义,义兼于德,德兼于道,道兼于天。"这里是要说明,艺术对于技术的某种依赖性,同时"技"又与"道"相通,反映出某种客观规律的必然性。

亚里士多德曾经把技术看作是制作的智慧。随着工程技术的发展,古罗马人不只看到了制作的实在的方面,也看到其中包含着知识的虚的方面。到 18 世纪,狄德罗(D. Diderot,1713—1784,法国哲学家)在《百科全书》中列入了"技术"条目。书中指出:技术是为某一目的的共同协作组成的各种工具和规则体系。也就是说,技术作为一种知识体系,包括了一定的目的、社会参与性、作为工具和设备的硬件以及规则、方法等软件。

德苏瓦尔(F. Dessauer,德国哲学家)从苏格拉底(Sokrates,前469—前399,古希腊哲学家)的技术概念中引申出技术的以下六种特征:其一,任何技术的形成都是以某种自然知识为先导的,尽管这种知识可能极其原始和粗陋。当知识越丰富时,技术成果就越趋于完善。其二,一切技术的对象都是依据人的目标选定的。其三,在技术操作者的观念中,首先会产生出对于结果的表象或意念。其四,有了一定的自然知识,为实现某种目标从事技术活动,便可获得成果。在这里知识成为实现目标的工具。其五,成果的取得并非随意或偶然的,而是以自然知识为依据,即是按某种客观规律性进行的。其六,技术成果具有适应于目标的目的和价值。①

在分析了技术构成中包括知识探索、发明创造和加工制作三种要素以后,德苏瓦尔进一步提出了对技术产品的三项规定:1. 符合自然规律:技术产品的取得及其功能的发挥都不能超出或违背自然规律,这是作为自然存在物的基本特性。2. 目标的设定:技术产品只有符合人的目的才能体现出它的技术性。在这里,人类的需要和欲求成为先于技术过程的目标设定。目标与目的的区分在于,建筑的目标不是房屋,而是居住。3. 加工,即生产劳动,是实现技术产品必不可少的条件。②

在人与自然之间,一方面存在着人类无限发展的需要和欲求,另一

---

① 参见[日]后藤狷士著,姚锦清译《技术制作和艺术制作》,见《技术美学与工业设计丛刊》编委会编《技术美学与工业设计》丛刊第一辑,南开大学出版社1986年版,第72页。

② 参见[日]后藤狷士著,姚锦清译《技术制作和艺术制作》,见《技术美学与工业设计丛刊》编委会编《技术美学与工业设计》丛刊第一辑,南开大学出版社1986年版,第74页。

方面存在着作为利用和加工对象的大自然。技术正是沟通两者的中介和桥梁，它在理性意识的指引下将天然的自然改变成人工的自然，从而满足人类的需要。技术活动的原动力正是由这种关系触发，技术活动的创造性，就是将上述可能性转化为新的现实性。技术成果一方面实现了人的目的，另一方面又超出了理性目标的局限，取得了某种并非理性所能预料的效果。

近代自然科学的产生和工业革命，开创了大机器生产的时代。过去依靠经验丰富的技师的技能才能做到的事，现在利用机器很容易就办到了。在手工业生产中，手工工具是供个人使用的，它虽然可以专门化并达到某种完备的形式，但这些形式就是它的发展极限。如手斧、锤子等，千百年来保持着同样的形式。然而，机器生产的发展能力却是无限的，因为一方面它使劳动过程社会化，使各种技术专业和生产部门不断地联合起来并相互促进；另一方面自然科学的应用，使技术的不断革新成为不可避免的事。因此，在工业技术中，人的技能和技巧的作用相对地减弱，机器和工具的作用相对增强。技术以理性的结构将人与自然分离开来。技术的物质手段成了技术的主要标志，由此人们也把技术看作是物质手段的总和。

现代科学技术的发展，使情况发生进一步变化。第一，技术活动的领域扩大了，技术进步涉及人类活动的一切领域，从物质生产到精神生产，从日常生活到精神消费，都离不开一定的技术设备和技术方法。第二，科学走在生产的前面，并成为技术的先导，从而技术中的科学知识要素增加了。第三，技术活动中的物质手段，不仅包括原来意义上的工具、设备等硬件，而且包括用计算机控制活动程序和过程的软件。过去软件是存在于人的经验和技能之中的，现在却物化了。由此，人们对技术的理解进一步深化了,同时也出现了各种新的技术定义。“技术是人类活动手段的总和”,“技术是科学的物化”,技术“是指人类在利用、控制和改造自然过程中,按照特定的目的,根据自然与社会规律所创造的、由物质手段(工具、机器、仪器等)和知识、经验、技能等要素所构成的整体系统”①。

技术作为人的行为和肢体的延伸,它是实现人的目的的一种手段。对于技术的这种解释并没有错,但是它还远远不能说明技术的实质。因此,海德格尔进一步从技术作为人与自然的中介是如何参与到对自然、现实和世界的构造中去的角度,把技术规定为一种展现方式。他说:“技术不仅仅是手段。技术是一种展现的方式。如果我们注意到这一点,那么,技术本质的一个完全不同的领域就会向我们打开。这是展现的领域,即真理的领域。”②

从人对动植物的畜养来看,过去动植物还被看作某种独立存在的东西,在现代技术中则完全成为技术改造和控制的对象。人与自然的关系随着技术的发展在不断改变。从技术的眼光来看,世界上的一切存在都是可供技术利用和改造的物质或材料,它不考虑事物所具有的技术目标以外的其他意义和特性,从而把对象单一化和功能化,追求取得最大的效益。现代技术使人成为活动的主体,而把自然置于对象化的地位。生产作为技术展现,使自然朝向主体方面产出。这就造成对自然的一种限定。这种限定实际上是双向的。也就是说,技术造成一种框架结构涉及人与存在物双方,使两者交替地相互限定。这一框架

---

① 陈念文等主编:《技术论》,湖南教育出版社 1987 年版,第 13、14 页。

② [德]冈特·绍伊博尔德著,宋祖良译《海德格尔分析新时代的科技》,中国社会科学出版社 1993 年版,第 24 页。

结构使人与存在物只在技术的可用性方面相遇，双方被限定和强求，并且只在物质化和加工的方式中相互涉及。由此，海德格尔论证了技术并非单纯是人的行动，其中还包括人的存在状态。

艺术的形成过程

艺术的源头可以追溯到史前时期。19 世纪末西班牙阿尔塔米拉洞窟壁画的发现，把艺术的起源提前到两万多年以前的旧石器时代末期。1940 年，法国又发现了拉斯科石窟的史前壁画，由此把旧石器时代艺术遗存的发掘工作推向了高潮。山洞曾经是史前人居住的地方。随着冰河纪的结束，草原向森林推移，史前人也逐渐离开了山洞。洞顶塌落的岩石逐渐把洞口封闭起来，由此保存下了这些洞窟的壁画。在这些洞窟岩壁上，画有野牛、驯鹿、马和猛犸等，形象写实，栩栩如生。在岩壁上除了彩绘以外，还有大量线雕。这种有壁画或线雕的石窟在欧洲已经发现 108 处，主要分布在法国、西班牙和意大利等地。此外，在欧洲还出土了 122 处旧石器时代的雕刻品和雕像。① 最著名的雕像便是“威伦多夫的维纳斯”，这是一个没有面部细节和脚，而乳房和臀部肥大的小型石制雕像。

这些旧石器时代的绘画及雕像的产生，与史前人的生产活动，包括物质生产及人的生产，具有直接的联系。史前艺术所表现出的人的技能，即史前人对动物形象的感受力和表现力，无疑是在生产实践中培养起来的。然而，史前人所以要从事这些形象的创造，还与当时人们具有的巫术观念分不开。

---

① 格拉季欧斯：《旧石器时代的艺术》，伦敦英文版 1960 年，第 213—218 页。

史前人对世界的理解还处于一种歪曲和虚幻的状态。他们还不能把自己同自然界划分开来,当他们发现自身具有灵性(即精神现象)时,也以类比的方法看待他们所接触的自然对象,特别是动物。这种类比产生了拟人化的自然观,即万物有灵论。巫术是史前人的世界观和社会实践的组织形式。在巫术观念中不仅包含着原始宗教意识,而且包含着科学和艺术思想的萌芽。

英国人类学家弗雷泽(J. G. Frazer,1854—1941)指出:"巫术所依据的思想原则大致可分两类:其一是同类相生,或因果相同。其二是凡相互接触过的物体在脱离接触以后仍然可以相互作用。前一个原则称为相似原理,巫师认为只要通过模仿,他就可以产生所希望的任何效果。根据接触原理,巫师认为他可以利用和某人接触过的任一物质材料来影响这个人,不管这种材料是否是他身体的组成部分。前一种巫术称为模仿巫术,后一种巫术称为感染巫术。"①在史前人的氏族或部落中,巫师通过组织模仿巫术的操演进行生产和战争的准备。这些史前的原始艺术便往往是进行巫术模仿的遗迹。史前绘画中有些绘制在当时人们的居住地,有些则是绘制在他们认为灵验的偏僻地方,甚至很难被其他人看到。

从史前的艺术遗迹可以看出,它们已经具有了模拟生活形象和立足情感激发的艺术要素。但在当时条件下,这并非出于审美的动机,而仍然是出于实用性和生产性目的。但是巫术模仿却成了艺术形成的一种催化剂。正如希尔恩(Y. Hirn,1870—1952,芬兰美学家)所指出的:现代科学终于使人意识到模仿对于发展人类文化的极端重要性。艺术

---

① [英]弗雷泽:《金枝》一卷,缩写本,伦敦英文版1956年,第14页。

活动只有根据模仿的普遍化倾向才能理解和说明，这一点是无可争议的了。模仿是直觉本身存在的基本条件。通过模仿，以人作为度量世界的一种尺度，对象被转变为精神体验的语言。[①] 对此，卢卡契进一步指出：模仿是艺术的决定性源泉。正是模仿和激发的不可分割的联系，使人产生了一种全新类型的观察和反映方式——审美。[②]

卢卡契具体分析了洞窟壁画之所以产生的特殊条件。这些动物形象是按照它们的自然特性以个体写实的方式同时又是类型化地描绘出来的。这些被描绘的野兽是史前人的狩猎对象，作为模仿巫术所涉及的必然是孤立的单个对象，因此没有对环境的描绘。绘画者一般既是猎人又是巫师，生产实践培育了他们独特的观察力和感知力，绘画作为一种专职活动使他们形成了特有的艺术表现力。这种绘画并非出于艺术意图，而是由生存的渴望和对饥饿的恐惧，使他们产生对于对象的激情，并把这种情感升华为一种“艺术”能力。

同样，舞蹈的形成也是在史前阶段。然而，由于舞蹈是以人体为媒介的动态艺术，随着时间的推移便踪迹皆无，难以找到任何遗存或证据。著名音乐史家及舞蹈史家克尔特·萨克斯(C. Sachs)在他所著《世界舞蹈史》中指出：“作为一种成熟的艺术，舞蹈的发展是在史前阶段，这似乎不可思议的。在文明破晓之际，舞蹈已经达到一定完美程度，没有任何艺术或科学可以与之媲美。这些过着野蛮生活的社会氏族，只有原始的雕塑、原始的建筑，还没有诗歌，却已经相当普遍地具有

① [芬]希尔恩：《艺术起源》，伦敦英文版1900年。

② [匈]L. G. 卢卡契著，徐恒醇译：《审美特性》第一卷，中国社会科学出版社1986年版。

高度发展的优美的舞蹈传统了,这使人类学家也为之惊异。”[①]

古代舞蹈场面的描绘,见于我国青海省大通县上孙家寨出土墓葬中的彩陶盆,盆内壁绘有五人牵手舞蹈的图案[②]。其中三组舞者,以花纹相隔,画面规整,构图精巧。如果盆内盛上水,就像这些人在河边池旁婆娑起舞,生动活泼。经碳 14 同位素定年和树轮校正,确定这一文物距今五六千年,正是原始社会向奴隶社会过渡时期。从彩陶盆的图片中可以看出,当时舞蹈已经有了统一的服饰、严密的队形、整体的编排和富于变化的节奏了。《诗经·陈风·宛丘》中也记述了春秋时期陈国人舞蹈的情景:“坎其击鼓,宛丘之下。无冬无夏,值其鹭羽。”

从旧石器晚期洞窟壁画的写实倾向,到新石器时期摩崖壁画及陶瓷织物纹样的几何化和抽象化,其间经历了人类精神的不断发展。可以看出,在史前艺术和原始艺术中,艺术对象与审美对象并非一码事,推动艺术产生和发展的首先是某种实用的或社会交往的需要。

在古代,人们普遍把艺术看作按照一定规则制作东西的本领,除建筑、雕塑之外,细木工、裁缝和其他类似的手艺都可以视为艺术。[③] 艺术家被当作手艺人,他们的制作能力被看作一种技艺。最初,音乐和诗并不包括在艺术中,因为上古人们认为诗是预言者的事,而音乐是祭司的事。到希腊古典时期,音乐和诗才摆脱了巫术祭祀和神灵启示的神秘色彩而世俗化,成为情感的宣泄和抒发。在中国远古时代,巫术礼仪

---

① [美]苏珊·K·朗格:《艺术问题》,纽约英文版 1957 年,第 11—12 页。

② 参见青海省文物管理处考古队《青海大通县上孙家寨出土的舞蹈纹彩陶盆》,《文物》1978 年第 3 期,第 48 页。

③ [波]符拉基斯拉夫·达达尔凯维奇著,杜书瀛译:《艺术的定义》,见天津美学学会《美·艺术·时代》编辑部编《美·艺术·时代》丛刊第二辑,百花文艺出版社 1986 年版,第 410 页。

同样是以原始歌舞的形式进行的。进入奴隶制社会以后，统治者制定了作为典章制度的“礼”（如“殷礼”“周礼”等）来维护宗法和等级制度。由此确定了一系列人际交往的礼节仪式，以此来加强伦常道德情感。儒家倡导的“礼乐相济”的思想，发挥了“礼乐合一”的作用，使音乐歌舞进一步纳入尊卑有秩的伦理秩序之中，强调以理义调节情感，做到情理交融。它的积极方面是使中国古代的艺术表现富于理性精神，而消极方面则是极大地束缚了中国艺术的自由发展。

在西方，经过古希腊、罗马艺术的繁荣之后，艺术曾长期沦为宗教的婢女。从公元4世纪罗马君士坦丁大帝确立基督教会在国家中的权力以后，教堂成了至高无上的场所，宗教题材成了艺术创作的重要内容。意大利文艺复兴运动的兴起，逐渐使艺术摆脱了宗教的束缚，走向自律的发展。

欧洲中世纪以前，在人们的观念中，创造是神灵、上帝和造物主所独有的职能。柏拉图（Platon，前427—前347）认为，艺术是现实世界的摹本，现实世界又是理式世界的摹本，而创造是神的职能。到文艺复兴时，意大利人文主义者斯卡力杰（Scaliger，1540—1609）则认为：“诗人是第二上帝，因为他能创造合乎理想的东西。”[①]

18世纪德国启蒙运动以来，从温克尔曼（J. Winckelmann，1717—1768）、莱辛（G. E. Lessing，1729—1781）、赫尔德（J. Herder，1744—1803）到歌德（J. W. Goethe，1749—1832）等人，进一步把艺术从手艺人的技艺提高到了洋溢着审美和精神价值的新高度，并且把实用艺术与纯艺术做了区分。温克尔曼潜心钻研了古希腊罗马艺术，指出希腊艺

① 伍蠡甫：《中国画论研究》，北京大学出版社1983年版，第222页。

术是理想的美,它摹仿自然又高于自然。莱辛在《拉奥孔》中界定了诗与画的界限,并认为美是造型艺术的最高法律。歌德则就艺术表现的实质说明:“诗人应该抓住特殊的东西,如果这特殊的东西包含某些健康的因素,他就会用它表现出一般。”①

宗白华(1897—1986)曾经指出:“中国艺术家何以不满于纯客观的机械式的模写?因为艺术意境不是一个单层的平面的自然的再现,而是一个境界层深的创构。”②在艺术的境界中,既有直观感相的模写,也有活跃生命的传达,更有最高灵境的启示。这里既有感官印象的丰富性,又有艺术家的生命体验和人格映射。

海德格尔从艺术可以揭示生活真理的角度把艺术视为去蔽,并且把进入这种真理境界称为对作品的保护,以区别于玩味形式魅力的艺术欣赏。他说:“一开始,我们就把艺术的本质规定为真理之置入作品。不过,这一规定有意是两可的。一方面它说,艺术是自行确立的真理形象的定位。这是作为存在者的无蔽的产生而在创造中发生的。但置入作品还意味着:使作品存在运动和发生。这是作为保护发生的。因此艺术乃是真理在作品中的创造性保护。艺术因而也是真理的形成和发生。”③保护作品并不是要把人们局限于个人的体验中,而是要把他们带入与作品中发生的真理的交融。因此以保护的方式了解作品,不同于对作品形式方面、它的特质和魅力单纯的审美欣赏。

总之,艺术是人们对世界进行精神掌握的一种特殊方式。它所反

---

① 《歌德谈话录》,人民文学出版社 1985 年版,第 90 页。

② 宗白华:《美学散步》,上海人民出版社 1981 年版,第 63 页。

③ [德]海德格尔著,郜元宝译:《人,诗意地安居——海德格尔语要》,上海远东出版社 1995 年版,第 110 页。

映和表现的对象是人的社会生活。社会的人及其内心世界成为艺术反映的中心。当艺术家把视线投向自然景物时，他也是从人的感觉和情绪体验出发，把自然景物作为人的活动环境来表现。艺术是将外在的客观现实中隐含的生活真理通过创作主体的情感体验而以特定的主观形式表现出来，在揭示客观真理的同时，也成为艺术家主观情感意蕴和理想的表达。这种表达是利用艺术的同质媒介的一种建构过程，它要通过感性媒介把所表现的内容客观化，使之成为可以传达的东西。因此，艺术不是对现实的摹仿，而是对现实的一种审美发现。

技术与艺术的异同

艺术创作作为一种精神生产，需要通过某种物质媒介将艺术意象客观化和物化。从生产形态上看，它与物质生产中的技术活动具有一定的相似性。它们都是人类有目的的一种实践活动，是把主观观念中的东西转化为客观物质的对象化过程。但是艺术作品的物质构成物只是作为精神产品的传达媒介和物质载体，只具有精神功能。从这一点可以看出，技术与艺术的目的在于满足人的不同需要。

技术具有改造自然的职能，它把自然力和自然物加工改造为人工自然的各种物质手段和产品，用以替代和延伸人自身的功能，调节和控制人的生命过程，创造出适应于人的环境等。作为生产力的第一要素，直接推动着物质生产和社会物质文明的发展。艺术成果作为一种观念存在物，只作用于人的精神世界。它通过审美的作用发挥着认识的、教育的、心理调节的和娱乐的功能，对于树立人生理想、培育人格和情操、提高心理素质和丰富生活情趣有着润物无声的功效。

从产品的构成要素上看，技术和艺术也存在某种相似性。技术产品中包含了由人的经验、知识和技能组成的主体因素以及由工具、能源和材料构成的客体因素。技术中的主体因素只有以客体因素为媒介,才能获得自身的具体性和表现。相比之下可以看出,艺术品的构成也离不开这些主体因素与客体因素的结合,但是其中主体因素的内涵却和技术产品的主体因素有较大的区别。

中西美学思想史上都存在"技艺相通"的观点。正如《庄子·天地》篇中所谓"能有所艺者,技也"。从苏格拉底到亚里士多德,古希腊哲学家都有关于技艺的理论。技艺一词来自希腊文 Technē,它不仅指工匠的活动与技巧,也指心灵的艺术和美的艺术的活动与技巧。伟大的艺术家对手工技艺都有极高的评价,人们把工匠和艺术家同样称为"艺人"。按照海德格尔的观点,技艺这个词指的是一种认识模式。"认识指看见,而广义的看,指对在场者本身的理解。"海德格尔认为:"称艺术家为'艺人',并非因为他也是一个工匠,而是因为作品和器具的生产均发生于一种产生和出场;产生和出场首先导致存在者涌出并以其外貌形式的出场……称艺术为艺,丝毫没有认为根据技艺就可以见出艺术家的活动的意思。在作品的创造中看似技艺的东西实际上是另外一码事。"①

在古代,人们曾经把木匠活和制作陶罐的技艺与制作诗歌的技艺相比拟。在现代,也产生过类似的艺术技巧论。这种观点认为:艺术家必须具备一定的专门化形式的技能,即所谓技巧。他获得这种技巧就和工匠们一样,部分是通过个人经验,部分是通过分享他人的经验,于

① [德]海德格尔著,郜元宝译:《人,诗意地安居——海德格尔语要》,上海远东出版社1995年版,第108页。

是别人就成为他的老师。当然,单凭由此取得的技巧本身并不会使一个人成为一个艺术家,因为一个技师可以造就,而一个艺术家却是天生的。伟大的艺术力量甚至在技巧有所欠缺的情况下也能产生出优美的艺术作品,而如果缺少这种力量,即使最完美的技巧也不能产生出最优秀的作品。但是同样的,没有一定程度的技巧性技能,无论什么样的艺术作品也产生不出来。在其他条件相同的情况下,技巧越高,艺术作品越好。最伟大的艺术力量要得到恰如其分的显示,就需要有与艺术力量相当的第一流的技巧。

对于上述艺术技巧论的问题,英国哲学家科林伍德(R. G. Collingwood,1889—1943)提出了不同的见解。他指出:"工匠的技能在于熟悉实现特定目的所必需的手段并且掌握这些手段。一个细木工做一张桌子的技能,表现在他了解要用什么材料、什么工具才能做出桌子,表现在他能够恰当地使用这些材料和工具,准确地按照预定规格做出这张桌子来。"而对于艺术创作说来,"在感受的表达完成之前,艺术家并不知道需要表现的经验究竟是什么。艺术家想要说的东西,预先没有作为目的呈现在他眼前并想好相应的手段,只有当他头脑里诗篇已经成形,或者他手里的泥土已经成形,那时他才明白了自己要求表现的感受"①。科林伍德认为,工艺品或技术产品与艺术品的区别表现在:前者在生产前已经形成明确的表象,具有产品的目标和规划,技能作为手段和执行过程是按照预先的设想完成的,而后者在最终完成以前,并不存在目的和手段的区分以及按照计划的执行过程。因此,不能用技

① [英]罗宾·乔治·科林伍德著,王至元,陈华中译:《艺术原理》,中国社会科学出版社1985年版,第28、29页。

巧去说明艺术家运用语言、音符、笔触等去建构艺术作品的能力。

此外,对于技术技巧与艺术技巧之间也应做出划分。"为了使技巧成为真正意义上的艺术技巧,技巧应该是'可爱的',应该使人们对这种技巧赖以被感到的对象发生深刻的兴趣。"[①]杜威曾举例说明,有一位雕塑家雕出的胸像异常逼真,技巧可谓是高超的,但是从作品来看,制作者却缺乏自己的审美经验,从而使观众难以分享到他的审美经验。所以他认为:"为使作品成为真正的艺术作品,作品也应该是审美的,也就是说,应该创造得使人在欣赏它时感到愉快。当然,对于一个创作者来说,当他在创作的时候,必须要有经常的观察力。但是,如果他的感知,按其性质说,也不是审美的,那么,这种感知就是苍白的,而对于所制作的东西的冷漠理解就会被当作对下一个过程的刺激来利用,这个过程,实际上就是机械的。"[②]

由此我们可以看出,艺术创作是一种非预期的过程。创作过程不仅需要灵感,而且是一种受动与能动相统一的过程,需要有持续的审美观察力的介入。作品的完成要依据艺术家的直观感受来判断,并以满意为止。所以在艺术创作中,各种主观因素的相互作用起着更大的效应。

科学与艺术的区别

科学和艺术都是人类的精神创造物,它们都具有反映世界的功能。

---

① 约翰·杜威:《经验的掌握》,见[美]麦·莱德尔编,孙越生等译《现代美学文论选》,文化艺术出版社 1988 年版,第 140 页。

② 约翰·杜威:《经验的掌握》,见[美]麦·莱德尔编,孙越生等译《现代美学文论选》,文化艺术出版社 1988 年版,第 141 页。

从精神生产和人的创造活动的角度看,它们具有共同性;但是,从反映世界的方式和追求的目标来看又是不同的。

首先,从科学和艺术这两种反映方式在目标上的不同看,它们所追求的真实性是不同的。科学的真实性是以客观地反映出事物的规律性为特征,而艺术的真实性却不能单纯从艺术品内容的客观性方面去理解。艺术真实性是艺术作品的一种审美特质,它是审美主体与客体相统一的产物。因此,艺术真实在本质上不同于生活的真实。生活真实是事物存在的客体实在性,它的属性是纯客观的;而艺术真实是历史的真实性与心理真实感的统一。因此,艺术的真实性实际上是艺术内容的似真性、幻真性、合理性和可信性。

我们从艺术鉴赏的经验中就能认识到:艺术作品的内容,一方面必须适应于人在实践中所获得的经验,必须符合生活的历史发展的面貌。这种符合不是对生活现象的外在的、静态的近似,而是一种内在的、动态的近似。另一方面,它还必须适应于人在审美过程中的心理规律,使人觉得虽在意料之外却在情理之中。也就是说,艺术一方面具有假定性,它不是实在的、直接的现实,所以不能用客观事物的存在状态去衡量作品描写的真实与否;另一方面艺术具有主体的感受性,它渗入了艺术家和欣赏者的经验内容、意识倾向和情感体验,受到人的主观情绪的支配。因此,艺术的真实性是现实性与假定性的统一,它往往表现在细节的真实、形象的感染力和情节的合理性上,将三者统一到作品的整一性上,使作品获得艺术的生命力。

其次,从成果信息含量的概括性上看,科学和艺术具有不同的范畴结构。科学所反映的是事物的普遍性规定。任何人表述水的原子构成都具有同一的概念内涵。科学利用具有普遍性的概念进行理论的概括，揭示出隐藏在个别事物背后的具有共同效应的普遍规律，它的结论具有实验验证的可重复性。

然而，艺术作品却是从个别事物出发的，以个别的、独特的形态对社会生活做出艺术概括。德国哲学家卡西尔（E. Cassirer，1874—1945）指出："在文化领域中，无论在语言、艺术、宗教还是在哲学中，每一种普遍性都具有个别性。"[①]在艺术中，普遍的东西只有通过个体的现实才能被感知和表现出来。它是将个别性上升到特殊性范畴，从而使其具有普遍的意义。艺术所反映的人物形象应该具有不可重复的个性特征，它所描述的情境都渗透着艺术家的独特感受，即使是司空见惯和习以为常的生活事物，在不同艺术家的笔下也会表现出迥异的面貌。

同样的月亮，在古今中外诗人的笔下，会呈现出极其不同的情调、形象和象征意义。南唐后主李煜（937—978）的《相见欢》中写道：

无言独上西楼，月如钩。寂寞梧桐深院锁清秋。

剪不断，理还乱，是离愁；别是一般滋味在心头。

在李煜的《相见欢》中，月亮是孤寂怅惘的。

在19世纪法国高蹈派诗人魏尔伦（P. Verlaine）的笔下，月亮却是惨淡而华丽的：

那宁静的月光惨淡、华丽，
使鸟儿在林中入梦逍遥，
使喷泉迷醉得嘤嘤啜泣，

① ［德］恩斯特·卡西尔著，沉晖等译：《人文科学的逻辑》，中国人民大学出版社1991年版，第19页。

大理石中水柱又高又飘。

（《月光》郑克鲁译）

在苏轼（1037—1101）的笔下："明月几时有？把酒问青天。""起舞弄清影，何似在人间！"《水调歌头》中的月亮则是一派明亮、欢畅的色彩。这正是艺术的独创性，它成为艺术创作的灵魂。

再者，从精神功能上看，认识与情感作用的不同成为科学和艺术的分界线。在科学成果中，科学家必须排除自己的情绪和激情的影响，以保持科学认识的客观性；而情感性却是艺术的基本特征之一。艺术以情感为中介，使形象相互联系，从而把现实生活的复杂性和多层次性作为整体表现出来。这种情感表现可以反映在对人生体验的深刻细微上，从而成为人生的一种至性至情；也可以反映在情感内涵的丰富和复杂上，从而防止把生活感受单一化和简单化；也可以托物言情，把强烈的情感寄寓在鲜明生动的形象和情景交融的意境之中。

最后，从反映形式上看，科学和艺术存在着不同性质的抽象。科学抽象是在概括科学事实的基础上，进一步揭示事物的本质和规律，达到全面的、系统的理性认识的思维操作。这是利用分析和综合来构成概念和形成规律的过程。它要摆脱事物外在的现象和特征，寻求事物内在的本质。然而，艺术抽象虽然也具有反映事物本质的特点，但它是在不脱离事物的感性具体性并通过个别事物的现象特征实现的。在艺术抽象中，抽取了反映事物本质的表现性要素，而舍弃了对直接形象的某些模仿成分。这种表现性要素，如线条、色彩或几何体面等，在结构上与被表现事物之间存在一定的同构关系，或通过社会生活的联系形成了某种符号，从而使它们获得了这种表现和概括的功能，这是艺术抽象形成的机制。艺术作品往往是具象和抽象的统一，因为在对事物的艺术表现中总是存在一定的选择和取舍的。总之,艺术抽象仍然保持着艺术品可以感知的特性,不涉及概念和推理的思维过程。

4. 科学态度与审美态度

人的态度,作为行为反应的一种心理定势,是由人的需要引发,并在长期的社会实践过程中逐步形成的。它是人们行为的一种准备状态和趋向,为人们进入某种特定的行为方式提供导向。

科学态度和审美态度的确立,是人们从事科学活动和审美活动的开端,以此为起点构成特定的主客体关系,延伸开来产生出整个活动的过程和结果。因此,对科学态度和审美态度的探讨,成为认识科学活动和审美活动的不同特征、结构和目标的一个关节点。

科学一词,一般是在两种意义上使用的,一是指某种知识的体系,二是指这一知识体系得以形成的一套规则。人们将科学规定为:"由观察探知的、严格地经受了检验的、按普遍原则加以分类的、关于实在世界的知识。"①这就是说,科学活动是对世界的存在形式和运动规律的探索,它是以认识世界为目标的,具有鲜明的目的性。科学活动始于观察,它由感官经验通过智力活动而构成一定的概念和判断。这里包括观察和实验、逻辑思维和推理、概括,形成科学假说或理论范式,再经反复检验并上升为一般规律或科学原理。

从认知形态上看,科学是一种由感性—知性—理性的过程,从逻辑内涵上看,科学又是一种由感性具体—抽象规定—思维具体的过程。

① [美]斯图亚特·里查德著,姚尔强、郑斌详译:《科学哲学与科学社会学》,中国人民大学出版社1989年版,第33页。

它的目标是达到对世界的普遍性的认识。也就是说,科学判断不受时空条件的限制,具有可重复性,能接受各种实验检验,并得到感官证据的支持。

科学的普遍性特征,不仅表现在对事物规律性的客观反映上,而且表现在对不同观察主体具有普遍有效性上。因此,科学态度是以主客二分为前提的,它并不回避主客体之间的相互作用,但它的研究过程必须摆脱个人情绪和个体特征的影响,使其结果具有逻辑完备性和客观性。在科学活动中,像在人类任何其他实践活动中一样,活动主体会怀有强烈的动机、欲求和情绪体验。推动人们从事科学活动的是一种求知欲,当科学家有新的发现时,会兴奋不已、如醉如痴,然而,他的观察和判断必须排除个人的情绪色彩。由此,我们可以说,科学态度在于追求规律性的认识,它以非人格化的眼光观察事物,从经验材料出发利用科学抽象和逻辑推理概括出普遍有效的知识。科学态度是培养和发扬科学精神的主观前提,进而才能够形成从事科学活动的精神动力。

审美活动不是人对于对象的占有,也不是对于客观知识的探求,而是对于审美对象的直观感受、鉴赏判断和情感交流。审美活动以满足人的审美需要为目的,既可以在静观中专注于精神体验,也可以在艺术创造或身心运动中感悟。审美活动是以个人独立的形式进行的,它把世界作为自己的作品和活动的舞台来观照和感受,其结果带有鲜明的人格化特征和个性倾向。审美经验作为个体的意识成果,具有个体的主观性质,同时作为一种人类自我意识的表现,又使这种审美主观性具有客观化的内容。审美经验,作为一种情感体验,不能脱离具体的时空环境和审美氛围,它是在一种感性形态与理性内涵的相互交融中完成的。因此,它与科学活动具有明显的不同,它不追求概念的抽象性和认识的普遍化,而保持感受的具体鲜活的个性特征和领悟的直觉整体性。审美在本质上属于特殊性范围,它总是处于个别性与普遍性之间的一个恰当的中点上。

审美态度引发了人的一种审美期待,使人去追求主客体之间的和谐境界。它使人以人格化的眼光去观察事物,把周围的世界看作人的世界,看作体现人的价值和意义的表征,并以情感为中介达到物我同一。

科学的构成和特征

科学所研究的是我们对于外部世界的认识,它具有简化并组织人类经验的功能。在人的头脑中,存在着两种不同类型的经验,一种是感官知觉内容,它是外部事物作用于我们的感觉器官产生的结果;另一种是思想和感受,它是不依赖其他人的个体的主观内在经验。感官知觉内容正是构成我们对于外部世界客观知识的基础,成为科学研究的原材料。正如彭加勒(J. H. Poincare,1854—1912,法国科学家、哲学家)所说:“科学是用事实建立起来的,正如房子是用石块建筑起来的。但是,一堆事实并不是科学,正如一堆石块不是房子一样。”①

科学观察和实验是获得科学事实的最基本的方法。它体现了科学活动所具有的求实精神。观察是在自然发生的条件下进行的,这是观察方法区别于实验方法的重要标志。在观察时必须有明确的目的性和计划性,因为人的注意力是有限度的。例如,当人乘坐公共汽车时,大

① [法]昂利·彭加勒著,李醒民译:《科学的价值》,光明日报出版社1988年版,第109页。

多数人在第一次乘车时就毫不费力地记住了汽车的颜色和上下车站的名称，然而即使乘坐许多次，一般人也无法说出那辆车有几个窗子，这是他的注意力没有集中到这方面来的缘故。如果是搞汽车设计的人，他可能乘一次车便会告诉你这辆车的许多特征，因为这是他的职业习惯和兴趣所在。所以，科学观察要有周密计划，以实现它的目的。

实验方法则要根据某种计划，利用一定物质手段人为地控制、改变或模拟自然现象，以获取科学事实。实验方法可以简化、纯化或强化自然过程，以便突出主要的因素，排除次要和偶然的因素，由此加深对事物实质的认识。例如伽利略的自由落体实验，便是利用斜面来淡化重力作用以延伸自然过程的一种实验方法，从而降低了对观察设备精度的要求。

在观察和实验中所要遵循的正是科学的客观性和普遍性原则。客观性是要求人们在观察过程中避免主观臆造，按照自然界本来的面貌来反映自然界。这就是说，应该避免人感官的生理误差和心理错觉，并且尽量靠科学仪器来丰富和完善自己的感官。此外，客观性的要求还表现在尊重自然界的物质统一性和普遍联系上，即应该按照整体性原则把观察的事物作为一个有机联系的整体来看待。当然，这种客观性并不排除主客体相互作用所产生的效应。自然存在物在进入人的感官经验时，总是在主体活动的中介下完成的，因此是主观性与客观性的某种统一。科学成果的客观性和普遍性还表现在实验结果的可重复性上，因为科学所寻求的客观规律性必须是它自身所固有的，不能由于研究者的不同而变化。

思想实验则是科学实验的一种特殊形式和类型。伽利略用思想实验对亚里士多德的力学观点提出“重物悖论”就是一个例子。亚里士多德“重物比轻物下落快”的观点延续了两千年,伽利略为了反驳这一错误的观点,设想了一轻一重的两个物体连在一起,这同一前提便会产生两种矛盾的结论。同样,爱因斯坦在创立狭义相对论过程中,曾用在不同位置和状态下观察闪电的经验方法,重新审查了“同时性”的物理意义,确立了“同时性”的相对性概念。直到 1971 年,当铯原子钟计时精度达到 1×10^{-10} 秒时,才使原子钟飞行实验作为验证同时性的相对性实验成为可能。

思想实验是在人们实践经验的基础上提出的,它超越了纯粹逻辑思维的领域,含有经验性的条件。此外,思想实验借助一定的感性形象和丰富的想象力,表现出高度的创造性。思想实验力求近似于现实存在的状况,并可根据日常的经验可靠地预见到实验的结果。但是,思想实验与实际实验仍有重大区别。首先,它并不实际地改变或作用于实验对象;其次,思想实验所操作的只是思维过程或语词;最后,思想实验主要用于论证、反驳或发现,而不能成为检验和证明理论的依据。

知识不能单从经验中得出,它必须从经验层次上升到知性和理性的层次。知性认识主要是对科学事实进行分类、系统化,并对其加以分析和概括,它所运用的逻辑方法就是广义归纳法。理性认识则是在科学概括的基础上建立理论体系,以便反映客观世界普遍而必然的联系,它所运用的逻辑方法则是科学抽象法。

科学抽象是一种理论思维活动,它可以排除经验中的事物的外在的、非本质的联系,而发现事物的内在的、本质的联系,使认识不断深化,由表及里,把决定事物性质的隐蔽的基础揭示出来。例如,太阳从东方升起,从西方落下。人们以为太阳是绕地球旋转的,由此天文学家托勒密(C. Ptolemaeus,约 90—168)提出了“地心说”。直到哥白尼时代，通过大量天文观测和科学抽象思维活动，才发现地球绕太阳旋转的秘密。

分析和综合是抽象思维的基本方法。分析是把整体分解为部分，把复杂的事物分解为简单的要素，以便分别加以研究；综合则是在思想中把对象的各个部分、各个方面和各种因素联系起来加以考虑。分析方法的应用才使近代自然科学取得了巨大的进展。古代对自然界的认识限于笼统的直观，虽然不乏天才的猜测，但无法深入事物内部，弄清它们的内在结构和特征。当然，分析并不是把有机联系的整体进行随意地分割，而是从整体联系中来认识局部。因此，离开了综合，就使人的认识限制在局部的狭小领域内，造成孤立片面看问题的弊端。

科学成功地运用数学，使它达到更加完善的地步。运用数学方法进行精确地描述，由此达到精密的科学。科学对象是质和量的统一体，在它们的运动中质变与量变是相互制约的。因此，科学不仅要研究质的规定性，也要考察量的变化。运用数学方法时，需要撇开研究对象的一切其他性质，以数学工具得出数学形式的结果。它将复杂的科学问题抽象为数学模型，然后得出数学解，并对解的实际意义进行判断和阐释。这种方法具有严密的逻辑性、高度的抽象性和精确性。

科学知识的古老和简单的形式是实体定律，它描述了自然界物质系统的某种不变的特性。例如，在标准大气压的条件下，水的冰点和沸点分别是 0℃和 100℃。另外，还有一种科学定律描述各种物质系统特性之间的不变关系，它们具有因果联系，称为函数定律。例如，化学反应速度是温度的函数，温度高低是原因，化学反应速度的变化是结果。这些定律揭示了物质系统中关系的不变性，可以为经验所证实，也使对事件的预测成为可能。

与科学定律不同,科学理论则是对科学定律的一种解说。它既能诠释已知的定律,也能预测未知的新定律。例如波义耳(R. Boyle,1627—1691)定律说明,气体的压强与它的体积成反比。然而这一定律并不能说明这一反比关系的根源,对原因的解释便要依靠气体动力学理论了。这一理论指出,气体分子与容器壁碰撞频率的增加是压强增大的原因,由此也预见到温度增高的影响,从而又演绎出盖·吕萨克(J. L. Gay－Lussac,1778—1850)定律。在这里,科学理论是人的发明,它是外部世界实在系统的一种模型或相似物。理论反映出实在系统的某些特性,但并非实在事物本身。理论往往具有不完备的性质,它需要不断加以补充和修正。"不完备性正是科学知识的本质。"①

逻辑在科学论证中的作用

科学知识作为客观世界规律性的反映,需要有充足的理由来支持、证明它。这种证明的工具就是逻辑。但是,对一切知识都加以证明是不可能的。所以,知识的推理往往是以一些不证自明的命题作为最初的依据。欧几里得(Euclid,约前 330—前 275)的《几何原本》,便是选择少数不加定义的原始概念和不需证明的几何命题作为公理或公设,推演出一系列的几何定理,从而把几何知识整理成一个严谨的几何学理论体系。

逻辑学是研究正确推理原理的学问。它涉及推理过程的分析、表述的清晰和做出判断的规则。论证是科学所不可缺少的环节,而逻辑

① [美]斯图亚特·里查德著,姚尔强、郑斌详译:《科学哲学与科学社会学》,中国人民大学出版社 1989 年版,第 15 页。

学正体现了论证的作用，因此科学是建立在逻辑基础之上的。正如爱因斯坦所说："科学家的目的是要得到关于自然界的一个逻辑上前后一贯的摹写。逻辑之对于他，有如比例和透视规律之对于画家一样。"①

逻辑的发明首先要归功于亚里士多德，他实际上创造了科学语言的基础。在他的逻辑系统中，所有推理过程都分为三个基本命题，前两个命题分别构成大前提和小前提，提供证据。第三个命题是结论，从上述证据中演绎得出。这种推理形式称为三段论，是演绎的基本模式，也是已知推理形式中最严密的一种。例如典型的三段论是：

因为，所有人必死，苏格拉底是人，

所以，苏格拉底必死。

演绎逻辑的基本要求是：一方面要区分真理和谬误，另一方面要区分有效性和无效性。前者是就推理成分即前提和结论的内容而言；后者是就各成分之间的关系即论证或推理过程而言。如果前提真，推理过程有效，那么结论必真。所以，演绎推理可以提供一种证明。在科学中，错误假说的价值在于它提供了一个基础，使我们能据此有效地演绎出与观察事实相矛盾的结论。如果结论是假，假说（前提）就不可能是真，我们便放弃这一错误假说。

演绎推理用于把普遍性的知识推及特殊的场合。然而，从人的认识发展过程来看，往往是由特殊到普遍，再由普遍到特殊。这前一种认识过程称为归纳推理，它是由特殊的事例概括出普遍性的知识。在逻辑关系上，归纳推理是在前提和结论之间存在或然性联系的推理过程。

---

① ［德］爱因斯坦著，许良英、范岱年编译：《爱因斯坦文集》第一卷，商务印书馆1976年版，第304页。

因此,即使归纳推理的形式正确,也不保证由真的前提得到真的结论,只肯定由真的前提得到的结论有一定程度的可靠性。但是,从寻求新结果、获取新知识方面来说,归纳推理的作用比演绎推理的作用更大、更显著。

枚举法是归纳推理的一种,它依靠累积的新证据来提高普遍化程度,不断扩大前提的内容。在科学中,通常应用统计方法来表示归纳推理的概率大小,在理想情况下它提供了一个量的尺度。归纳推理需要借助观察和实验,以帮助人们获得对于个别事物的判断。

总之,科学态度来源于人对于知识和真理的渴求。它以全面的理性观点对它所面临的事物提出质疑,进行实验和研究并深入思考。在认识领域中,保持着思想的自由和宽容精神,无需墨守于任何成规戒律。科学是对真实性的把握,具有解释世界的能力。科学的逻辑性也要求在语言表述上的明确清晰,要求解释的具体性。而在这里,理性与反理性的冲突贯彻在理论建设和实验经验之间持续不断的相互作用之中。

审美中的物我交融

如果说,科学态度使人处于主客二分的认识关系中,那么审美态度则使人处于物我交融的主客体关系之中。

范仲淹在《岳阳楼记》中,记述了这种情景交融的览物之情。“至若春和景明,波澜不惊;上下天光,一碧万顷;沙鸥翔集,锦鳞游泳;岸芷汀兰,郁郁青青。而或长烟一空,皓月千里;浮光跃金,静影沉璧,渔歌互答,此乐何极!登斯楼也,则有心旷神怡,宠辱偕忘,把酒临风,其喜洋洋者矣。”当春和日丽,或皓月当空,登上岳阳楼,眺望那碧波万顷的水乡景色时,人们会沉浸在一种心旷神怡、浮想联翩的情境之中。这时,无疑使人进入了审美体验之中。

一个人从日常生活的实践态度转向审美态度,需要具备一定的主客观条件。从客观条件上说,要有具备审美价值的欣赏对象以及形成审美活动的环境氛围。从主观方面说,要有具备相应审美需要、文化素质和审美能力的欣赏主体。这一审美对象对于欣赏主体而言能够唤起兴趣和审美注意,而此时主体的心境平和,可以摆脱日常生活的困扰和忧虑。由此才能使人暂时中断日常意识状态而进入审美态度。在这里,主观条件和客观条件都是缺一不可的。因为再美的景色会由于人的忧心忡忡而无暇顾及,恶劣的环境干扰也会破坏人的审美心绪。

审美态度的形成是以审美注意为起点的。对象具有的新异性以及它的刺激强度和信息量,引发了审美主体的兴趣和兴奋,从而使主体的审美态度和审美感知活动联系在一起。离开了审美态度,审美感知便不复存在,同样离开了审美感知,审美态度也无法维持。

在人的五官感觉中,视觉和听觉是审美感知的主要器官。这两种器官在人的历史发展进程中形成了高度的意识化和审美感受性。当然,在审美活动中人是全身心地投入的,人的各种感知觉都会参与作用,由此才有"冰肌玉骨,自清凉无汗"(苏轼《洞仙歌》)的咏叹。但是,只有视听觉才能直接构成整体性的知觉经验,在视觉中还融入了其他感官的功能(即联觉)。

在审美活动过程中,人的各种精神能力——感知觉、情感、想象、记忆、直觉和理智——都有机地交融在一起,积极地活动起来。由此使人的审美感知成为一种特化了的知觉能力。它虽然不脱离感性领域,但同时融入了人的理智。这就使审美的感性有别于认识论意义上的感性。在审美状态中,主体是处于感性和理性相统一的精神整合状态。这种整合过程不是将混沌的表象上升到抽象的概念而获取某种知识,而是在审美评价中呈现出一个新世界的组织模式,从物我的同一化中展示出世界的可能和希望。

审美感知具有因人而异的独特性。这种感知不是被动地接受外来刺激,而是具有创造性的感知过程。所以,它不是一种简单的认知,而是对事物与人相关的某种新的特征的探索和发现。审美感知与科学认知的不同,在于它是通过主观情绪感受引起的反应,它不仅受对象状况的制约,而且受主体个性因素的制约。每个人的个性都是一个独特的世界,具有与他人不可重复的特点。在审美经验中,主体不仅将自己投入对象,使自己的情感对象化;同时也将对象主观化和人格化,使之成为主体的自身生活,由此实现了主客体之间的沟通和融合。

在审美关系中,"人同自己感知的客体融为一体,他完全进入体现在审美价值里的那些社会关系中。这恰恰是因为:审美关系虽然被看作纯个人的、绝对自愿的关系,但它却用看不见的,然而是最紧密的纽带把个人和社会联结起来。人通过审美价值也加入到道德关系、政治关系和其他所有社会关系中,同时不失却自己个性的独立自主感,并体验到精神享受,这意味着人不是表面地而是深入持久和切实地加入到这些关系中。当然,同时我们不会忘记,只有当审美关系的客体本身是表现人和社会自由的发展的真正审美价值时,这种关系中的自由感才不是虚幻的。"①

① [苏]列·斯托洛维奇著,凌继尧译:《审美价值的本质》,中国社会科学出版社 1984 年版,第 198—199 页。

在审美感知中,直觉具有特殊的认知功能。直觉的产生存在着深刻的历史根源。在人类进化过程中,人对环境的心理适应能力不断强化,现实要求人对于对象做出即时的瞬间反应,这种瞬间反应成为人的生存本能。在反应中,通过对经验、知识和认识手段的整合,逐渐形成一种独特的观察、感知和意会系统。由此,形成了一种直觉。直觉的形成是在社会文化环境中逐渐积累的过程。离开社会实践,离开经验知识和认识手段的积累以及对各种信息的筛选、分类和整合的训练,就不可能形成直觉。

直觉是在感性直观中,由思维直接把握事物本质的一种内在的理智的认知方式。它不是由概念抽象和逻辑推理产生的思维结果,但又具有理智性的特点,并非单纯是一种感情的冲动;同时它具有直接性的特点,是在瞬间的感知过程中不经思维的努力而取得的。黑格尔把这种直觉的认识能力称为“敏感”。他指出:审美时“对象一般呈现于敏感。在自然界我们要借一种对自然形象的充满敏感的观照,来维持真正的审美态度”。因为敏感是一种介于感觉与思考之间,并兼两者特长而有之的特殊的审美认知能力。“‘敏感’这个词是很奇妙的,它用作两种相反的意义。第一,它指直接感觉的器官;第二,它也指意义、思想、事物的普遍性。所以‘敏感’一方面涉及存在的直接的外在的方面,另一方面也涉及存在的内在本质。充满敏感的观照并不很把这两个方面分别开来,而是把对立的方面包括在一个方面里,在感性直接观照里同时了解到本质和概念。但是因为这种观照统摄这两方面的性质于尚未分裂的统一体,所以它还不能使概念作为概念而呈现于意识,只能产生一种概念的朦胧预感。”[①]这就是说,直觉是感性和理性、形象与概念相融合的领悟过程。

海德格尔在谈到这种主客体之间的交融时,特别强调了这种融合的情感移入的自发性,它不是人故意而为之的。“我只是在季节变换之际,日夜地体验它每一刻的幻化。群山无言的庄重,岩石原始的坚硬,杉树缓慢精心的生长,花朵怒放的草地绚丽又朴素的光彩,漫长的秋夜里山溪的奔涌,积雪的平坡肃穆的单一——所有这些风物变幻,都穿透日常存在,在这里突现出来,不是在‘审美’的沉浸或人为勉强的移情发生的时候,而仅仅是在人自身的存在整个儿融入其中之际……”[②]

这种物我交融的情景,大有陶渊明(365—427)“采菊东篱下,悠然见南山。……此中有真意,欲辨已忘言”(《饮酒·其五》)的感兴。交融是以主体感知和情感为中介的审美状态,“悠然”二字正好道出了这种交融的审美境界。

审美经验与自我意识

在提到审美心境时,叔本华曾经说,它“是认识理念所要求的状况,是纯粹的观审,是在直观中浸沉,是在客体中自失,是一切个体性的忘怀,是遵循根据律的和只把握关系的那种认识方式之取消;而这时直观中的个别事物已上升为其族类的理念,有认识作用的个体人已上升为不带意志的‘认识’的纯粹主体,双方是同时并举而不可分的,于是这两者〔分别〕作为理念和纯粹主体就不再在时间之流和一切其他关系之

① [德]黑格尔著,朱光潜译:《美学》第一卷,商务印书馆1979年版,第166—167页。

② [德]海德格尔著,郜元宝译:《人,诗意地安居——海德格尔语要》,上海远东出版社1995年版,第83页。

中了。这样,人们或是从狱室中,或是从王宫中观看日落,就没有什么区别了”[①]。

在这里,叔本华把审美经验看作是一种理念的直观和族类的自我意识。如果说,意识是人对客观世界的主观映象,那么自我意识便是对于主体自我的认识和映象。康德认为,在人们认识活动中起作用的,不仅是接受外界刺激进而加工制作成为经验知识的“对他物的意识”,而且还有伴随着并统摄着“对他物的意识”的一种“对自我的意识”。假如没有这自我意识,则对他物的意识所产生的种种经验知识就不会成为对自我的经验知识。在康德那里,自我意识与统觉概念是同义语。

自我意识的概念有助于揭示出审美的特性。卢卡契指出:“只有对人类自我意识的确认,才能从哲学上说明审美反映的特性。”[②]他援引马克思关于生产劳动与人类社会的关系的论述说明,正是通过人的社会生产和对于对象世界的改造,才实际地确证了人本身是一种类的存在物。同样,审美的存在方式也应该确认为人类自我意识外化的最适当的形式。在审美活动中,个人的精神需要、个人的生命表现能够成为世界的一面镜子,使得对于世界认识的深度与自我体验的深度融合成一种新的直接性。人类的一切成就,人对自然的认识和改造、人际关系和人的个性的发展,这一切都是人本身的产物,在审美中都以直接的呈现而被提高到意识的中心地位。因此,审美是一条从个人主观性达到在每一独特的自我身上实现类的性格的道路。

---

① [德]叔本华著,石冲白译:《作为意志和表象的世界》,商务印书馆 1982 年版,第 274—275 页。

② [匈]L. G. 卢卡契著,徐恒醇译:《审美特性》第二卷,中国社会科学出版社 1991 年版,第 85—86 页。

对于个人来说,“自我意识是个体根据他的既往生活体验史,特别是既往生活体验史的最稳定特征对其主观经验的解释。根据以往经验解释现时的、眼前的意识内容,可以大大巩固低级层次的信息,强化对其他重要生活体验的回忆,进而又强化对这种信息进行经常的、有目的性的寻求”①。

当人们有了沉思自我、深思自己内心感受的能力,他就会进一步发现一个新的情感世界,进一步发现大自然和社会生活中的美。正如凡·高油画《农鞋》所展示的,并不是器物自身的形态,而是它的穿着者的生存状况和人生境界。“从农鞋磨损的内部那黑洞洞的敞口中,劳动者艰辛的步履显现出来。这硬邦邦、沉甸甸的破旧农鞋里,聚集着她在寒风料峭中迈动在一望无际永远单调的田垄上步履的坚韧和滞缓。鞋皮上粘着湿润而肥沃的泥土。夜幕降临,这双鞋底在田野小径上踽踽而行。在这农鞋里,回响着大地无声的召唤,成熟谷物宁静馈赠及其在冬野的休闲荒漠中的无法阐释的冬冥。这器具聚集着对面包稳固性无怨无艾的焦虑,以及那再次战胜了贫困的无言的喜悦,隐含着分娩时阵痛的哆嗦和死亡逼近的战栗。”②

审美的世界正是人类自身的世界,是人们对自身和主客体关系和谐状态的玩味和体验。

① [苏]伊·谢·科恩著,佟景韩等译:《自我论》,生活·读书·新知三联书店 1986 年版,第 270—271 页。

② [德]海德格尔著,彭富春译:《诗·语言·思》,文化艺术出版社 1991 年版,第 35 页。

物质带着诗意的感性光辉对人的全身心发出微笑。

——马克思、恩格斯《神圣家族》

三、审美经验的科技内涵

审美关系反映了人与外在世界关系的和谐和丰富性。在审美活动中,通过主客体之间的沟通和交融,使对象对于主体不再是冷漠的和陌生的。主体以愉悦的心情在对象中发现了一个新的世界,一个属于自己的精神空间。由此主体获得了不同于日常生活的形式感受,并在情感的共鸣和意蕴的领悟中,加深了对于对象价值的体验,并形成某种审美意象。主体在审美活动中所获得的这种经验内容便是审美经验。

审美经验的取得并非只是来自艺术,它同样来自人的社会生产实践和科学探索活动。这就是说,审美形态是多种多样的,人们可以在技术的物质产品中看到美,也可以在科学活动中体验到美。这里特别值得说明的是,形式美的感受是任何审美经验中都不可缺少的,它构成了各种审美形态的基础。然而,形式美的感受来源于人的形式感,它首先是人类生产劳动和技术活动的成果。审美的形成经过了由动觉感受到静态直观的过程,这一过程便体现在人的形式感到对象形式美的产生过程之中。

1. 形式美与人的形式感的形成

夏日的夜晚,当你抬头遥望那银河的繁星,繁星闪闪烁烁呈现出美丽的旋涡状,这是由宇宙运动的节奏和银河系背离运动的匀称所形成。冬日的早晨,扑面而来的大雪把纷纷扬扬的雪花落在你的外衣上,当你用显微镜去观察雪花的六角形针状结晶时,你会为构图的精巧和组合的多样叹为观止。雪花晶体的对称性是自然界和谐统一的一种表现。自然界是一个充满对立统一的和谐整体,它的物质运动和结构形态处处表现出一种对称、比例、均衡、对比和节奏。

也许色彩是更引人注目的。当你环视周围,你会看到蔚蓝的天空、郁郁葱葱的林木、如茵的绿地和五颜六色的鲜花,它们的颜色会随着时间的更替而变化。

对于形式与色彩,我国古代的美学观认为:“人之有形,形之有能,以气为之充,神为之使。”“五色之变,不可胜观也。”(《淮南子》)事物的形式是与生命内容相关联的。君形者,神、气也。正是精神或生命内容才使形式相映生辉的,而色彩的幻化却是不可胜数的。“日月叠壁,以垂丽天之象;山川焕绮,以铺理地之形;此盖道之文也。”“傍及万品,动植皆文:龙凤以藻绘呈瑞,虎豹以炳蔚凝姿;云霞雕色,有逾画工之妙;草木贲华,无待锦匠之奇;夫岂外饰,盖自然耳。”(《文心雕龙·原道》)自然事物呈现的绚丽文采是自然之道的结果,即使动物的羽毛、草木的花卉也都是自然的结果。

古希腊毕达哥拉斯学派也是从宇宙论的角度把一切美归结为天籁

的和谐,归结为数。同时,他们也从对象的感性形式上寻求美的特质,认为:“一切立体图形中最美的是球形,一切平面图形中最美的是圆形。”[①]这种对形式的把握无疑是从现实事物中经过大量抽象才形成的。那么我们是否可以从这一情况得出结论,认为在历史上人们对抽象的形式美的感受是居先的,而其后才感受到具有丰富内涵的现实美呢? 难道人们最初感受到的只是孤立的形式? 自然界中的形式美既然是一种自然存在,便是自然界客观物质运动规律的表现。如果说形式美是人们对自然界物质运动形式规律的概括,那么这种形式美就成了对事物合规律性的一种认识。正常生长的各种动植物形态给人的感受有美丑的区别,美在宜人的属性而不在冷漠的规律。所以,合规律性本身并不能成为产生形式美的直接根源。

我们从审美形式和形式美的概念分析中可以发现,形式的情感激发作用是以人的形式感为基础的,所以人的形式感的形成才是形式美存在的前提。由此进而说明形式因素所具有的表现性和情感意蕴。

审美形式与形式美

任何审美活动,不论是审美创造还是审美感受,都离不开感性形式。这种感性形式是由体、线、面、质地、色彩和音响组成的复合体,是一种在空间和时间中可以感性直观的物质存在。当然,在语言艺术中是通过语言媒介间接地构成艺术形象的,它的感性形式只是一种观念中的存在。审美对象是内容与形式的统一体,其中审美形式既是审美

---

① 北京大学哲学系外国哲学史教研室编译:《古希腊罗马哲学》,生活·读书·新知三联书店 1957 年版,第 36 页。

对象的直观形态,又是审美内容的存在方式。在这里,内容和形式的联系是多层次的。

形式的概念有不同的含义,正如意大利哲学家克罗齐(B. Croce,1866—1952)所指出的:"在哲学词汇中,'形式'和'内容'有着众多的不同意义,在美学中则更是如此。有时被一个人叫做形式的东西,却被其他人称为内容。"①

在哲学史上,形式的概念最初出现在古希腊哲学中。留基波(Leukippos,前 500—前 440)和德谟克利特(Demokritos,前 460—前 370)提出了物质构成的原子论,认为元素之间的区别有三种:形状、次序、位置。其后,柏拉图提出了"理式说"。这里的理式即含有形式的意思,柏拉图把它看作是具体事物的共性、概念,是永恒的、绝对的存在。柏拉图把世界分为现象世界和理式世界,认为前者只是后者的影子和摹本。他没有把形式与内容联系起来,而是把形式与具体事物相区分。在亚里士多德的哲学中,提出了质料与形式这样一对范畴。他所指的质料是构成世界的一切事物的最基本的东西,而形式则是指一事物之所以成为这一事物的东西。质料是基质,是潜在的东西,而形式是事物的本性和现实。但亚里士多德又认为先于质料的形式是推动一切事物发展的动力。直到黑格尔在《逻辑学》中才明确地提出了"内容与形式"这一对范畴,使这对概念有了明确的规定。

现实中,任何事物都是内容和形式的统一体。内容是指事物的全体组成部分,即其特性、内容过程、联系、矛盾运动和发展的统一。形式

① [意]贝尼季托·克罗齐著,王天清译:《作为表现的科学和一般语言学的美学的历史》,中国社会科学出版社 1984 年版,第 153 页。

是指内容的外部表现方式、类型和结构。同一事物，从不同的角度看，既可被看作是内容，也可能被看作是形式。如思想既是反映客观现实的观念形式，同时又是神经生理过程的内容。杜威认为，就某些素质和价值的表现力来说，颜色是内容；但如果用于表达精巧、鲜明、艳丽，它便是形式了。总之，事物的内容和形式是构成事物不可分割的两种要素，形式是内容向形式的转化，并且是体现着内容的形式，而内容又是形式向内容的转化，是以一定形式表现出来的内容。

形状是最简单的一种形式，它是由事物的轮廓线形成的。由于物体的运动和方向变化，可以使同一形状产生不同的形式。一条瀑布看上去好像从岩石上垂下来的水帘，但实际上在半空中并不存在某种固定的水帘，只是由水的流动造成。只有运动才使我们看到一种持续的形状，这就是运动的形式。空间取向的不同，也会使同一形状带来迥异的形式感受。如一个正方形，按照垂直和水平的方向取向，看上去就是静止、稳定和简化的。但若将正方形旋转 45 度，它的对角线变成中心轴线，那正方形看上去就是一个正方菱形，左右两部分以它的对角线为对称，由于其平衡立足于一个点，各边是倾斜的，因而富于动感。

审美形式是指审美对象的感性形式，也就是说，它不同于观念形式，而是作为感觉对象的形状、质地、色彩以及构成某种空间或时间秩序的相互关系和外在形象。对于审美形式的特点，齐美尔曼(Zimmermann)指出："一切材料，只要是同质的，也就是说能够进入形式之中，就唯有通过某种形式才能给人以快感或不快感。美学所研究的正是这些形式。"[①]这里指出了审美形式具有的两种特质：其一是材料的同质

① [英]鲍桑葵著，张今译：《美学史》，商务印书馆 1985 年版，第 483 页。

性,其二是对审美感受的激发作用。所谓材料的同质性,是说只有以节奏、旋律等音响形式才能进入音乐的同质媒介中,只有以色彩、明暗等视觉形式才能进入绘画等视觉媒介中。审美形式的同质性反映了媒介性质在兼容范围上的单一性。审美的激发作用在于审美形式能传达出一定观念的内容和情感意蕴。

人对形式的知觉和感受与人的行为方式以及个体的差异有关。在日常生活中,人们从实践态度出发,对于所看到的各种形状、轮廓、色彩和运动,往往并非当作一种独立的映象来看待,而是作为辨认事物的一种依据或符号。人们的眼睛学会了用一种极其经济的方式观看那些对其有用的东西,一旦分辨出它们是什么之后,便不再进一步做更多的观察,不太注意它们在色彩和光影上的变化以及形式在不同视角给人的感受。只有当人们采取审美的态度,才能摆脱日常的习惯,而专注于形式的观照并把注意力集中在视觉映象给人的感觉经验。“无论毯子、缸、篮子,只要材料的安排和适应使它直接有利于丰富密切观察它的人的直接经验,这些物品便都具有审美形式。”[①]此外,对审美形式的知觉感受也存在个体之间的差异。无论哪两个人在观赏同一景致时,所看到的都不完全一样。因为他们各自根据自己的个性和习惯来选择和注意某些具有细微差别的方面,由于他们的知识结构、文化素养和心境的不同,对事物的理解和想象也完全不同,造成知觉侧重、选择和组织的不同。

人对审美形式的把握必然包含某种知觉的抽象,即忽略了一些感

① [美]约翰·杜威:《内容与形式》,见伍蠡甫等主编《西方文艺理论名著选编》下卷,北京大学出版社1987年版,第21页。

觉因素而强调另一些因素。例如你到商店去选购服装，当你选中一个比较满意的款式，但又感觉它的颜色不太理想，要换一件款式相似而颜色不同的服装时，就意味着你已经很自然地把款式从服装的实际物象中抽象了出来。在史前绘画、中国画以及现代儿童画中，其表现形式都包含了相当多的抽象性质。这些形式的产生并不是经过概念的思考提炼出来的，而是直接由记忆表象形成的，这是由于人的知觉首先侧重整体关系的把握。

人类知觉存在抽象能力并不说明人类审美活动是从感受和欣赏抽象的形式美开始的。在原始思维中，原始人以为物体的本性是由它的形状获得的，所以形状与物体是不可分割的。这种思想一直延续到古希腊，这就是把形式同时看作是事物本性的思想根源。因此，人类最初的审美活动总是把事物的完整视觉形象与事物本身的性质联系在一起的，把这种形象作为事物本身的一种反映。

形式美是指形式要素自身的结构关系具有的审美价值。最基本的形式美的法则是多样统一，它体现了形式结构的秩序化。这种形式规律恰好与自然规律相契合。但是，这种契合并不是形式规律具有审美价值的直接原因，因为审美价值的产生只有在与主体需要的关联中才能确立。多样统一不是一种孤立和静止的结构原理，它具体表现为各种不同的形态，这些形态都是相对的、有条件的。

比例是构成和谐即多样统一的要素之一。人们从生产实践中发现了数量的比例关系，促成了几何学的产生。古希腊哲学家泰勒斯在埃及时，利用阳光斜射不同物体时的比例关系测量出金字塔的高度，受到了埃及国王的赞誉。自古以来，人们不仅把适当的比例看作是一种形式美，而且还赋予它伦理学的意义。不论是我国的孔子，还是古希腊的亚里士多德,都把把握适当的限度以保持事物的平衡视为一种道德原则和行为规范。

在造型艺术中,比例是使局部与整体之间保持匀称的条件,也是协调构图关系的基本手段。毕达哥拉斯认为,数是万物的本质,宇宙的组织在其规定中便是数的关系和谐的体系。在推敲节奏关系时,他试着把一条直线全长分为长短两段,反复加以改变和比较,最后发现:当长段构成比例中项,即短段比长段相当于长段比全长,它们的相互乘积也保持着同样的比例。他认为这种比例关系令人满意。柏拉图将这种比例称为黄金分割比,并给它披上了一层神秘的外衣,认为其中蕴含着创世的奥秘。

黄金分割比的几何作图法,最初是由欧几里得提出的。他将一个边长为 1 的正方形上下二等分,以其一方的对角线作为幅长,沿等分中点向一边延长,由此形成一个矩形。其边长便为黄金分割比即 1∶1.618。黄金分割比与 1 有特殊的关系,这一比的小数值便是 0.618。13 世纪时,意大利数学家菲波那契(L. Fibonacci,1175—1250)还发现,具有黄金分割比的整数序列为 8,13,21,34,55,89,144……在这一序列中,任何后面一个数均为前面两个数之和,而任何相邻两个数之比均接近 0.618。

古希腊的神庙建筑、雕塑、陶瓷制品以及中世纪的教堂都采用过黄金分割的比例。近代埃菲尔铁塔底座与塔身的高度也采用了黄金分割比。现代建筑大师柯布西埃(Le Corbusier,1887—1965)利用黄金分割比和整数比等构成了一种人体尺度,在建筑设计中作为一种模数依据。人的身长与肚脐高度之比即为 1∶0.618。这一尺度在空间构成中有很大参考价值。我国数学家华罗庚(1910—1985)在推广优选法时,也提出以 0.618 这一比值作为分割的依据。

多少世纪以来,人们都在探寻黄金分割审美魅力的根源。我们可以将黄金分割矩形再按黄金分割比划分为四个矩形,就会发现在这些矩形中具有最大的变化和统一。它丰富了人们的感官感受,也为它多方面的应用铺平了道路。艺术中离不开比例的运用,但艺术作品的真正标准却存在于比例之外。正如德国画家丢勒(A. Duerer,1471—1528)所说,没有研究过人的各种类型的正确比例,便不能取得艺术描绘的成功。然而单纯由比例并不能产生真正的艺术。

人的形式感的形成

形式美是事物形式因素的自身结构所蕴含的审美价值。人的心理为什么会与这些形式因素在情感上产生契合和共鸣?这是人们能欣赏形式美的关键。这种契合和共鸣说明人们具有了一种形式感,说明人通过感知形式因素可以产生特定的审美经验。形式感构成了人的审美感受的基础,它是人的审美活动的重要心理条件。因此,了解人的形式感的形成过程是把握形式美的本质和根源的前提。

首先以节奏感为例。节奏感是人的形式感中的一个重要组成部分。自然界运动的周期性中就存在许多节律现象,如日夜的交替、季节的变换等。人的生命运动也存在节律,如心跳和呼吸,二者对人的行为都有一定生理上的影响。节奏是一种有规则的重复,人们有节奏的行走会比无规则的行走省力得多。在劳动中,通过有秩序地对工作地和活动的安排会形成劳动的节奏,它可以减轻人的劳动负担。在劳动中,各种不同的节奏通过工具与材料的接触产生的音响,进入人的意识中。劳动的节奏不仅取决于人的呼吸、体力强弱等生理特点,还与劳动方式和社会条件有关。例如,两个人合作打铁,一人掌钳一人抡锤,其节奏并不是自然地固定下来的,而是通过两个人动作的配合和练习确定的,所以劳动的节奏是由社会实践所确定并被人所感知和掌握,逐渐成为一种条件反射。这是一种意识化的过程,通过将习得的行为变为一种非随意行为,由此产生了人的自我意识的反作用。但是,这时人对节奏的感知,还是与具体劳动过程不可分割地联系着,节奏还不可能在生活中产生其他独立的功能,或在别的方面被普遍地应用。

人对节奏的意识,是怎样从具体的劳动过程中分化出来的呢?这里需要经过一些中间环节以发挥在意识化和情感化过程的中介作用。首先,第一种中介就是由于劳动效率的提高和劳动的轻松化,使人对节奏产生出的愉悦感受。在原始人的集体劳动中,往往用“歌唱”作为伴奏。这种歌即劳动号子,是由无意义的声音序列构成的,只是用声音节奏作为运动节奏的支撑。它由人们呼吸的共同频率而相互联系在一起,由此把时间上的节奏与空间中的运动节奏结合了起来。由各种劳动状态的差别而产生的节奏越不同,就越容易使节奏由某一具体劳动的联系中脱离开来。

另一种影响更大的中介是史前时代的巫术模仿。巫术是史前人万物有灵论世界观的体现,同时也是他们进行生产的组织方式。在巫术模仿操演中,人们以想象的目标为对象,进行劳动和狩猎的模仿,并且十分严格地按照统一的节奏活动。由此使节奏由原来作为实际劳动活动的一种因素变成对劳动的模仿和反映,从而使节奏与实际劳动过程相分离,取得一种感性普遍化的表现方式。通过巫术活动,使节奏成为调整和组织集体行动的一种工具,与原来的劳动脱离开来,而被普遍化地加以应用。正如德国美学家毕歇尔(K. Bücher,1847—1930)在《劳动与节奏》一书中所指出的，古代韵律学的主要形式绝不是诗人随意杜撰的，而是由劳动的节奏逐渐变化为诗歌因素的，它是由夯的声音和打击节奏形成的。在原始的劳动歌声中，人的声音只能服从并伴随着劳动的节奏。

节奏最初是劳动过程的实际要素，以后转化为对劳动过程的一种反映，这种转化首先是在巫术活动中形成的。这使得人对节奏的感受，从劳动过程的轻松化产生的快感，转化为对形式表现的快感。以后随着巫术的失灵和巫术意识的淡化，便使这种形式体验向审美转化。所以，节奏所具有的情感激发作用，最初只是劳动过程的一种“副产品”。只有当节奏脱离具体的劳动，作为一种形式因素，用于组织各种生活使之秩序化时，才变得不仅富于层次和韵律的变化，而且使人的感受丰富起来。正如亚里士多德所说：“舞蹈者的摹仿只用节奏，无需音调，他们借姿态的节奏来摹仿各种‘性格’，感受和行动。”①

此外，对称和比例之所以能构成形式美，也是由于人的活动方式所造成的。首先，在空间的方向性上，长度、宽度和高度这些空间坐标只有随着人的直立行走才具有了不同的意义，它标志着人与动物状态的决定性分离。在生产中出现对称的地方，首先是沿垂直轴线左右的对称。由于人的躯体左右两侧的对称性，使得生产活动和工具结构也具有这种对称性。从科学上看，左和右之间并不存在任何区别；只有在人的社会中，左右之间才产生了不同，这与人手的分工及大脑功能分区的确立有一定联系，以致左右之间含有不同的伦理意义和情感色彩。由对称造成的均衡，使人的注意力在浏览整个物体两侧时，感到同样的吸

① [古希腊]亚里士多德著，罗念生译：《诗学》，人民文学出版社 1962 年版，第 4 页。

引力。对称的物体有稳定的重心,使人在劳动中易于把握,这些都从动态感受转化为静观感受。

同样,色彩感的形成也经历了从生产和生活实践到文化积淀的过程。色彩是人对不同波长光线的感觉。光与色的感觉,是视神经元产生的对明暗和色彩的反应。通常物体的颜色是它所反射的光造成的,光源不同就会造成物体颜色的差异。不同明亮度和色彩度的颜色给人以不同的生理感觉,除了冷暖感觉之外,还会产生不同的软硬、轻重、强弱和远近的感觉。色彩给人的生理感觉,是它产生不同情感效应的基础。色彩的情感效应与人的生活经验直接相关。史前人最先认识的颜色便是红色,它是血与火的颜色。血是生命的象征,从胎儿坠地到与敌人和野兽的拼搏,都会经受血的洗礼。红色预示着胜利,给人以喜庆的情感体验,但也会给人以恐怖、愤怒、紧张和不安之感。

总之,社会生产实践是人的形式感形成的根源,特别是生产方式对人的节奏、韵律和均衡等感受特性具有直接的影响。现代工业造型和现代建筑的反对称的简洁明快,与古典主义建筑的对称以及巴洛克、洛可可风格的繁缛雕饰,正反映了不同时代生产方式造成人的审美趣味的差异。此外,在形式感的丰富和精细化上,艺术发挥了独特的培育作用。艺术把丰富的社会生活体验,融合到形式因素的结构中,在形式感的普遍性心理感受中,又融入了特定民族的习惯、传统和观念。

形式因素的表现性和情感意蕴

形式美是形式因素自身结构所具有的美,是人对美的形式的一种知觉抽象。但是,无论如何,形式总是有内容的形式。一般的审美形式,是与它所反映的物象的具体内容融合在一起的。艺术正是从审美形式的独特眼光,去发现生活和表现生活的。“艺术的情感是创造的情感,这种情感是我们生活在形式的生活中感受的情感。每一形式都不仅是一种静态存在,而是一种动态力量,一种它自身的动态生命。在艺术品中感受到的光色、质量、重量与在日常生活对这些东西的感受截然不同。”“在艺术中,不仅我们感性经验范围扩大了,而且是我们对现实的景象和景色的看法也发生了变化,我们用一种新的眼光,用一种活生生的形式媒介来看待现实。”①

早期对审美形式的情感激发作用做出解释的是移情说。德国美学家里普斯(T. Lipps,1851—1914)认为,知觉所引起的心理活动,是注意和理解的延伸。其终点连接着思维活动,造成对事物知觉内容的统觉判断。审美移情是以统觉为前提的。对于审美对象的观照包含两种因素的合成,即感性知觉的内容和主体的统觉活动。移情是直观与情感相互结合的过程。当我们聚精会神地观照对象时,就会把我们的生命体验注入到对象的映象中,使其显示出一定的情感色彩。移情并非观念的联想,而是由人的内模仿和运动感的中介作用产生的。当你看到建筑物中的立柱时,你会将自己承受压力时的动觉感受移植到立柱的映象中,从而也把激发的情感投射到对象之中。②

移情说的积极意义在于,它揭示了审美活动具有拟人化特征,强调了审美知觉反映的主动性和积极性。但是移情说把人的审美经验单纯看作主观精神外射的结果,而没有看到产生移情作用的客观基础。审

---

① [德]恩斯特·卡西尔著,于晓等译:《语言与神话》,生活·读书·新知三联书店1988年版,第140—141页。

② 参见里普斯《论移情作用》,见马奇主编《西方美学史资料选编》下卷,上海人民出版社1987年版,第840页。

美活动中的情感共鸣,是常见的审美心理现象。杜甫的诗句“感时花溅泪,恨别鸟惊心”(《春望》),辛弃疾的“我见青山多妩媚,料青山见我亦如是”(《贺新郎》),都表述了这种移情活动。

完形心理学对形式因素的情感表现性做了进一步阐释。它认为,外界的空间秩序与人的大脑皮层的机能秩序在结构上存在一种同型或同构。正是这种同构关系,才使外界不同形式的刺激直接在人的心理上引起不同的反应,这是形式因素具有表现性的原因。“韦太默(M. Wertheimer,1880—1943,德国心理学家)认为,对舞蹈动作的表现性的知觉之所以具有如此强烈的直接性,主要是因为,舞蹈动作的形式因素与它们表现的情绪因素之间,在结构性质上是等同的。”[①]以舞蹈为例,当要求不同演员分别表演“悲哀”这一主题时,他们的动作具有一致性:其动作都具有缓慢、幅度小、造型呈曲线形式、张力小、动作的方向很不确定并缺乏自主性。这也就是说,“悲哀”所呈现的心理情绪,其结构式样与上述舞蹈动作的结构式样是相似的。这种用人的内在心理结构与外在事物形式结构的异质同构关系来说明形式的表现力和审美的情感共鸣现象是有一定道理的。这种同构关系的产生正在于人的形式感的形成之中。

形式美所具有的表现性主要在形式因素自身的性格特征上。例如,水平直线给人以舒展之感,垂直线给人以刚直之感,曲线给人以柔和和轻盈之感,折线给人以动感和焦虑不安之感。线型的不同构成不同建筑的风格特征:希腊建筑多用直线,罗马建筑多用弧线,哥特式建

---

① [美]鲁道夫·阿恩海姆著,滕守尧、朱疆源译:《艺术与视知觉——视觉艺术心理学》,中国社会科学出版社1984年版,第615页。

筑则多用带夹角的斜线。

形式原理可用于一定的结构组合，以达到不同的审美效应：

反复（Repetition） 通过相同或相似要素的重复出现，求得形式上的统一。通过重复可以加深人们的印象，给人一种单纯的秩序和节奏感。反复有齐一和庄重之美，但失之则为单调。

层次（Gradation） 以形式上连续的近似所构成的过渡序列，可以将两极对立的要素通过渐变组合在一起。通过层次能够给人以柔和及蕴涵丰富的感觉。层次有韵律和轻快之美，但失之则为分歧差异。

比例（Proportion） 各构成要素之间相互分割形成一定数量关系和整体的和谐。它使整体有序，富于快感之美，但失之则造成混乱。

对称（Symmetry） 指同一性要素沿轴线或中心点旋转构成的对应性关系，或称为变换中的不变性。可以构成左右的完全对称或近似对称以及反转对称或辐射对称。对称能够给人一种庄严和隆重的感觉。对称有安定、整然之美，但失之则为呆板。

对比（Contrast） 是构成形式要素之间相异性的对照，具有较强的感官刺激，从而使形式富于生命力，构成鲜明的形象特征。对比有互异和变化之美，但失之则显生硬。

平衡（Balance） 指沿中心两侧视觉感受的均一和相等。包括静态和动态两种，静态的是指相对静止条件下的均衡关系，动态的是指由不对称或不均等体量构成的均衡关系。平衡有其轻灵、醒目之美，但失之则为静止状态。

调和（Harmony） 是将对立要素之间协调一致，如刚柔相济，动静、虚实之间的互补，以构成整体的和谐。调和有其稳健之美，但失之则欠生动。

统一（Unity） 指首尾相应、相互依存、统一贯通成为一个整体。统一有其完整之美，但失之则为固化。

由节奏、和谐、力度和动感等不同要素的组合，也可以构成不同性质的形式美的特征。如雄奇和秀雅之间，具有不同的力度与和谐感。雄奇给人以强大的力度感和对比，而秀雅则给人以微弱的力度与动觉，显出一种和谐。精致与粗犷、华丽与浑朴之间也都具有不同的节奏、动感和力度。粗犷的动感急骤，而精致的节奏密集；华丽的节奏密集、力度较强，而浑朴的力度、动感及节奏等适中。

此外，体量、质感和色彩作为形式要素，也都有其特定的表现性和情感意蕴。圆球体的丰满，给人一种亲切和完满的感觉；角锥体的稳固，给人一种安定与沉稳的感觉。粗糙的表面使人感到粗犷、厚重和朴实；细腻的表面则显出精致和高雅。色彩使人产生不同的生理感觉和情感效应，它们是人的两种不同层次的心理反应，两者之间既有一定联系，又有性质的区别。如红色给人以兴奋和暖意，这是一种生理—心理感觉，是由物理与生理之间的作用形成的。同时，红色又给人带来喜庆、光辉和振奋的联想，这便是由人的社会生活经验所唤起的情感效应了，它具有更多的象征意义。

2. 科学中的美感

在科学发展的历史上，许多科学家都怀着自然界和谐统一的信念，去探索自然的奥秘。他们不仅为取得的认识成果而欢欣，也为揭示出自然的和谐和美而陶醉。毕达哥拉斯认为，自然界因其数的规律而和谐，天体运行因和谐而发出美好的和声。开普勒也确信天体运行的有序，并以行星运动的第三定律来表达《和谐的序曲》乐曲的主题。

自然科学虽然是对自然界客观规律的认识，然而自然界本身是一个和谐而统一的整体，这就为科学活动取得审美价值提供了客观依据。科学理论是对客观实在的反映，但同时也是人的思想创造，科学所呈现的世界图像的那种和谐、简洁和秩序感，作为人的理智成果和逻辑力量的展示，必然也会唤起人的审美感受。因此在科学活动中，实验与想象、逻辑判断与直觉、客观真实的发现和主观的审美感受相互交织、融合在一起。济慈(J. Keats，1795—1821，英国诗人)在《希腊古瓮曲》中曾以诗歌的形式提出了"美即是真，真即是美"的命题。美与真是不同的概念和价值范畴。那么在科学活动中，审美价值和认识价值是如何取得联系和沟通的呢？这正是我们所关注的问题。我们将从爱因斯坦这位现代科学的开拓者谈起，来认识科学活动中审美感受的特点，并进而讨论科学中的对称与和谐。

爱因斯坦的审美观

当代物理学的变革，是与爱因斯坦的名字联系在一起的，他不仅是一位伟大的科学家，而且是一位具有自然科学审美意识的人。他所创立的相对论具有的科学魅力为广大物理学家所赞赏，使他们折服。爱因斯坦的科学理论在优美、深邃和逻辑合理性方面，为20世纪理论物理学竖起了一座丰碑。正如阿伯拉罕·派斯(A. Pais，1918—2000)所说，如果说狭义相对论以其完美性使人想起莫扎特(W. A. Mozart，1756—1791)的作品，那么他的引力理论则充满贝多芬(L. V. Beethoven,1770—1827)作品的力度。[①]

作为科学的探索者,爱因斯坦坚信,自然界在本质上是和谐有序的和可以认识的。这是他从事科学研究的思想前提。1930 年 11 月 9 日,为纪念开普勒逝世三百周年,爱因斯坦在《法兰克福日报》上发表文章,表述了对自然界和谐统一的欣赏和仰慕之情。他说:“我们在赞赏这位卓越人物的同时,又带着另一种赞赏和敬仰的感情,但这种感情的对象不是人,而是我们出生于其中的自然界的神秘的和谐。”[②]

由科学信念所产生的这种情感体验,被爱因斯坦称为“宇宙宗教感情”。他把对科学真理的探求和对自然界和谐美的敬仰,比作一种宗教感情和一种信仰。因为大自然是人类生存价值和精神价值的承载者,它以自身的无限魅力,召唤人们投入自己的怀抱。在这里,没有什么拟人化的神或上帝概念的存在,只是人可以“感觉到自然界里和思维世界里却显示出崇高庄严和不可思议的秩序”[③]。这种感情的出现,在科学史上不乏先例。它是人类理性和审美实践培育的结果,而激发这种感情并使其保持蓬勃生气的,也是艺术和科学最重要的功能。这种感情的表现“是对自然规律的和谐所感到的狂喜的惊奇,因为这种和谐显示出这样一种高超的理性,同它相比,人类一切有系统的思想和行动都只是它的一种微不足道的反映”[④]。

---

① 转引自[美]阿·热著,荀坤、劳玉军译《可怕的对称——探索现代物理学中的美》,湖南科学技术出版社 1992 年版,第 101 页。

② [德]爱因斯坦著,许良英、范岱年编译:《爱因斯坦文集》第一卷,商务印书馆 1976 年版,第 277 页。

③ [德]爱因斯坦著,许良英、范岱年编译:《爱因斯坦文集》第一卷,商务印书馆 1976 年版,第 280 页。

④ [德]爱因斯坦著,许良英、范岱年编译:《爱因斯坦文集》第一卷,商务印书馆 1976 年版,第 283 页。

这种情感体验会产生巨大的冲动和情感的波澜，把人提升到一种精神境界，将人的体验转化为投身科学事业的决心。在庆祝普朗克六十岁生日的集会上，爱因斯坦指出：科学家渴望看到世界的安定和谐，不是出于非凡的意志力和修养，而是来自科学信念所产生的激情。“促使人们去做这种工作的精神状态是同信仰宗教的人或谈恋爱的人的精神状态相类似的；他们每天的努力并非来自深思熟虑的意向或计划，而是直接来自激情。”①

爱因斯坦把自然界比作是一本打开的书，科学活动便是去“阅读”这本书。科学不仅以它的实验和理论体现了自身的美，还揭示出自然界的美。在为牛顿的《光学》一书所写的序中，爱因斯坦说：“幸运啊牛顿，幸福啊科学的童年！谁要是有闲暇和宁静来读这本书，就会重新生活于伟大的牛顿在他青年时代所经历的那些奇妙的事件当中。对于他，自然界是一本打开的书，一本他读起来毫不费力的书。他用来使经验材料变得有秩序的概念，仿佛是从经验本身，从他那些像摆弄玩具似的而又亲切地加以详尽描述的美丽的实验中，自动地涌溢出来一样。”②他进一步把科学和艺术相比较，指出：“科学家的目的是要得到关于自然界的一个逻辑上前后一贯的摹写。逻辑之对于他，有如比例和透视规律之对于画家一样；而且我同意昂利·彭加勒，相信科学是值得追求的，因为它揭示了自然界的美。”③

---

① [德]爱因斯坦著，许良英、范岱年编译：《爱因斯坦文集》第一卷，商务印书馆 1976 年版，第 103 页。

② [德]爱因斯坦著，许良英、范岱年编译：《爱因斯坦文集》第一卷，商务印书馆 1976 年版，第 287 页。

③ [德]爱因斯坦著，许良英、范岱年编译：《爱因斯坦文集》第一卷，商务印书馆 1976 年版，第 304 页。

科学的产生正是在于人们确信:通过理性对理论的建构,能够掌握客观实在。世界是一个充满内在和谐的统一整体。“要是不相信我们的理论构造能够掌握实在,要是不相信我们世界的内在和谐,那就不可能有科学。这种信念是,并且永远是一切科学创造的根本动力。”①这种信念也说明,科学的认识价值和审美价值的一致性正是基于世界的统一性,基于人对自然界的依存关系。

爱因斯坦创立相对论的动机,也是与他的审美理想分不开的。世界的统一性以及科学逻辑的统一性,是他的真理观,也是他的美学观。爱因斯坦深信,基于世界统一性这一前提,科学应该具有逻辑的统一,这种统一性使科学理论具有和谐之美。他说:“十分有力地吸引住我的特殊目标,是物理学领域中的逻辑的统一。”②只有考虑到理论思维同感觉材料的全部总和的关系,才能达到思维和理论的真理性,才能使理论具有逻辑的统一性。然而随着电磁学理论的发展,在经典物理学理论体系中,却出现了一系列逻辑矛盾和不统一性。牛顿力学与电动力学之间,以太的绝对参照系与非绝对参照系之间产生了冲突。早在爱因斯坦十六岁的时候,他便发现了速度合成原理与光速不变之间的矛盾。他设想了追光实验,即一个观察者以光速追随一条发出的光线,那么他是否会看到一条振荡而停滞不前的驻波?他以直觉做了否定的判断。相隔十年之后,他提出了狭义相对论。

其次,在创立相对论的过程中,爱因斯坦十分强调在基本理论结构

① 爱因斯坦、L.英费耳德合著:《物理学的进化》,见[德]爱因斯坦著,许良英、范岱年编译《爱因斯坦文集》第一卷,商务印书馆1976年版,第379页。

② [德]爱因斯坦著,许良英、范岱年编译:《爱因斯坦文集》第一卷,商务印书馆1976年版,第299页。

上要具有逻辑简单性的特点。简单性原理是基于自然界的统一性和规律性,“自然规律的简单性也是一种客观事实,而且正确的概念体系(scheme)必须使这种简单性的主观方面和客观方面保持平衡。”[①]也就是说,这种简单性必须真实地反映自然界内在特性的客观性质,它不是像马赫(E. Mach,1838—1916,奥地利物理学家)所提出的主观的“思维经济原则”。爱因斯坦把逻辑简单性作为建构科学理论的方法论原则,也作为科学创造的一个美学标准。因为简单性是秩序感的表现,它使人易于把握事物的特征,具有重大审美价值。

所谓逻辑简单性,指的是在科学理论中,作为逻辑出发点的彼此独立的初始命题的数量要尽可能地少。爱因斯坦认为:“科学的目的,一方面是尽可能完备地理解全部感觉经验之间的关系,另一方面是通过最少个数的原始概念和原始关系的使用来达到这个目的。(在世界图像中尽可能寻求逻辑的统一,即逻辑元素最少。)”[②]

爱因斯坦所创立的相对论,是一种公理化的演绎体系。他以最少的逻辑上独立的公理构筑起的体系,发挥了极大的解释、预言和发现新的规律性联系的功能。在狭义相对论中,作为逻辑前提的是光速不变原理和狭义相对性原理,从这两个假设推演出诸如同时性的相对性、运动物体的空间收缩效应和时间变慢效应、运动物体的质量增加效应、质能关系式等推论。它们组成了狭义相对论的理论体系。广义相对论的公设是等效原理与广义相对性原理,从这两个假设出发推演出的结论

---

① [德]爱因斯坦著,许良英、范岱年编译:《爱因斯坦文集》第一卷,商务印书馆 1976 年版,第 214 页。

② [德]爱因斯坦著,许良英、范岱年编译:《爱因斯坦文集》第一卷,商务印书馆 1976 年版,第 344 页。

主要有:光线的引力红移、恒星光线的掠日偏转、行星进动、黑洞以及引力波等。这里都是以最简单的前提推导出最丰富的结论,体现了理论的逻辑简单性和应用领域的普遍性。

对称性的概念,自古以来便在技术和艺术的实践中为人们所熟知,但是直到20世纪,经过爱因斯坦的发现和提倡,才使对称性原理成为现代物理学乃至整个自然科学的一项重要思想和研究方法,对于推动现代自然科学的发展发挥了重大的作用。因此,对称性原理既是他科学研究的另一种方法论原则,又是他科学创造的另一项美学规范。在创立狭义相对论时,爱因斯坦利用了洛伦兹(Lorentz,1853—1928)变换不变性。在创立广义相对论时,爱因斯坦把变换不变性提升为物理学的普遍原理。他从引力质量与惯性质量等同这一经验事实出发,把某种变换不变性作为引力方程的前提。"一个理论可以用经验来检验,但是并没有从经验建立理论的道路。像引力场方程这样复杂的方程,只有通过发现逻辑上简单的数学条件才能找到,这些数学条件完全地或者几乎完全地决定着这些方程。……在引力方程的情况下,这就是四维性和表示空间结构的对称张量,这些连同对于连续变换群的不变性,实际上就完全决定了这些方程。"①

在爱因斯坦的科学研究中,逻辑思维对于最终成果无疑具有决定性作用,然而形象思维和审美感受性在其中也发挥了巨大作用。强烈的科学信念和炽热的情感是激发想象力的火种,从而调动起灵感和直觉,跨越过一系列的理论障碍。爱因斯坦先后提出了一系列的思想实

① [德]爱因斯坦著,许良英、范岱年编译:《爱因斯坦文集》第一卷,商务印书馆1976年版,第40页。

验，除了著名的追光实验之外，还有关于同时性的相对性问题的观察闪电的实验，以及有关引力场的自由落体的电梯实验等。这些思想实验以形象的方式达到了科学的直觉，使视觉表象和动觉感受成为爱因斯坦理论创造的得力助手。

科学中的对称性

对称是指事物或运动以一定的中介进行某种变换时所保持的不变性质。例如，圆在绕着它的中心旋转时图形是不变的，而矩形只有绕着它的中心转 180°或 360°时才能保持图形的不变。这大概正是古希腊人认为圆形最美的原因之一，和谐也会转化为变与不变的统一。

黑格尔从辩证法的高度，论证了对称与非对称的关系。他指出："平衡对称是和整齐一律相关联的。""一致性与不一致性相结合，差异闯进这种单纯的同一里来破坏它，于是就产生平衡对称。平衡对称并不只是重复一种抽象地一致的形式，而是结合到同样性质的另一种形式，这另一种形式单就它本身来看也还是一致的，但是和原来的形式比较起来却不一致。由于这种结合，就必然有了一种新的、得到更多定性的、更复杂的一致性和统一性。"①他把对称理解为包含着差异的同一性，也就是变换中的不变性。这种不变性是包含差异的不变性，是一致性与不一致性相结合的结果，从而有了更复杂的一致性和统一性。黑格尔已经注意到对称与非对称的联系和转化，并把这对范畴与同一和差异的范畴联系起来。

对称与非对称，总在相互联系和相互依存中表现出来。绝对对称

① [德]黑格尔著，朱光潜译：《美学》第一卷，商务印书馆 1979 年版，第 174 页。

以它的井然有序而给人以庄严肃穆的感受,也会由于形式的单一而给人呆板和缺乏生气的感觉。不对称,即对称的残缺,往往是事物在运动中建立新秩序的一种契机。雪花的绝对对称有时给人以秩序感,有时也会给人以冷漠感,特别是人们在遭遇暴风雪的袭击之后。托玛斯·曼(Thomas Mann,1875—1955)在他的著作《魔山》中描述了这样一个人对雪花的感受:雪花好像是"衬于他们隐秘的光辉中的一簇簇迷人的小星星……没有一个像另一个那样……而是自成一体——这是它们共同的特点:不可思议、反有机、否定生命——它们每一个在形式上都绝对是对称的,是如冰一般有规则的。它们太有规则了,适于生命的物质从没有规则到这种程度——生命原则看到这种完美的精确就会颤栗,它发现这是致命的,正是死亡的精华"①。这大概正是几何图形与艺术形式相区别的根本原因:前者是绝对的合规则,后者却需要在差异中见到生机。

事物的对称性表现为多种形态。在结晶学中,把空间对称分为旋转对称、反映对称、倒反对称、旋转倒反对称、螺旋轴对称以及滑移面对称等多种类型。所谓旋转对称,是通过旋转一定角度使图形保持不变,如正方形沿其中心点每转 90°角便可恢复图形的不变性。所谓反映对称即镜面对称,如人在照镜子时形成镜像与本人左右之间的对称。倒反对称也称反伸对称,它是通过图形中任意点,变换到该点与对称中心连线的延长线上的另一侧等距离处,使图形仍然保持不变,如均匀的球形便具有倒反对称性。所谓旋转倒反对称,是把旋转对称与倒反对称

① [美]阿·热著,荀坤、劳玉军译:《可怕的对称——探索现代物理学中的美》,湖南科学技术出版社 1992 年版,第 222 页。

联合起来的操作,如正四面体便具有旋转倒反的对称性。所谓螺旋轴对称,是由旋转和平移组成的对称,如一个螺丝钉在拧入木板时,每旋转 360°即平移一个螺距,其图形仍保持不变。滑移面对称则是由平移和反映对称组合而成的,它是镜面对称经过平移而形成的一种复原图形。以上对称都是某种差异中的同一,即一种变换中的不变性。

依据系统论原理,系统的结构决定了该系统的功能。也就是说,功能是某种结构特性的反映,它们之间存在一定的联系。因此,在对称关系上不仅存在结构上的对称,也存在功能上的对称。人的肢体和感官就具有左右对称的结构,这是生物进化的结果。双腿的对称使人能向前直线行走,双眼和双耳的对称分布使人能全方位地进行立体视听并接受信息。这种功能的对称性还表现在功能指向的一致性。例如,一般两手不能同时一手画方一手画圆,两耳不能分别收听不同语言,这是由于它们受统一的神经中枢所控制。

宋代诗人陈与义(1090—1138)在一首诗中写道:

飞花两岸照船红,
百里榆堤半日风。
卧看满天云不动,
不知云与我俱东。

诗人在行进的游船上把行云看作是静止的,由此提出了船和云与周围环境之间运动的相对性问题。运动的相对性说明,所谓运动是一个物体相对另一物体间距离的变化。当我们坐在火车上,看到旁边轨道上另一列火车在移动时,往往一时分辨不出是自己坐的火车在运动还是旁边的火车在运动。当然,根据生活经验可以得知,火车运动时会产生振动和噪声,火车加速时人会有被向后拽的感觉。然而在密闭的匀速行驶的船中,人往往很难感知到船是否在运动。这就是英国哲学家贝克莱(B. Berkeley,1685—1753)主教所提出的问题,绝对运动是不能定义的,其为伽利略所论证。

当把对称性的概念引入物理学时,便可以把运动的相对性当作一种对称性看待。这就是说,不可能定义绝对运动,也不可能区分静止和匀速运动,这便是相对论性的一种不变性。它说明,尽管有两个以匀速相对运动的观察者,他们所测到的各种物理量是不同的,但他们所得到的物理定律将是相同的。也就是说,牛顿力学的定律具有伽利略变换的不变性。例如,两个以匀速相对运动的观察者,一个坐在以 30 米/秒匀速运动的火车上,另一个人站在地面或站台上。当火车上的人以 10 米/秒的速度向车厢前方扔出一个球,这个球相对站台上的人的速度则是 30+10=40 米/秒,尽管两人测得的速度不同,但他们都会发现:小球的运动是符合牛顿定律的。但是,当扔出的不是球,而是射出一束光线时情况就不同了。

电磁学的麦克斯韦(Maxwell)方程可以精确地计算出电磁波传播的速度,光是电磁波的一种,因此电磁波的速度就是光速。那么麦克斯韦方程是否也具有上述的这种变换不变性呢? 让我们看实例:还是在那列以 30 米/秒匀速运动的火车上,假如乘客是在车上向前射出一束光线,在火车上测到的光速为 c,按速度合成原理,在地面上的人所测得的光速则应为 $c+30$ 米/秒。这样的话,在火车上与地面上就出现了两种不同的物理实在(两种不同的光速)。实际上,无论在火车上或在地面上测出的光速都是一样的,因为光速是自然物的内禀属性。

那么如何理解在这种情况下的相对论性的不变性呢? 爱因斯坦的

相对论对此做了回答。在伽利略速度变换中，采用的是牛顿的绝对时间，即对于火车上的人和地面上的人来说，1 秒钟都具有同样的间隔。这是因为在低速状态下，时间的变化不易觉察。而当运动速度接近光速时，运动物体上的时钟会明显变慢，然而在运动物体上的人是觉察不到的。

在伽利略变换中，时间是绝对的。如果把上述例子中的时间和空间坐标关系列出，火车上的事件：$f(t,x,y,z)$；地面上的事件：$f(t',x',y',z')$。按伽利略变换 $t=t'$（即火车与地面具有同时性）；而现在要求出一种变换关系，使两个匀速相对运动观察者测得的光速相同，这便是洛伦兹变换，其中 $t\neq t'$ 而是 $t'=f(t,x,y,z,u)$，u 为两观察者之间的相对速度。当 u 与光速 c 相比很小时，则 $t\approx t'$。上述变换说明，这是一个依赖于时间和空间的变换，它把时空相互勾连在一起了。

麦克斯韦方程在洛伦兹变换下，具有相对论性的不变性。洛伦兹不变性是电磁理论的一个要求，它反映了光传播的特有方式。那么如何使原来的牛顿力学也具有洛伦兹时空不变性呢？于是爱因斯坦对牛顿力学进行了修正，这是狭义相对论的一部分工作。爱因斯坦发现，为了使力学在洛伦兹变换下保持不变，必须修改能量与动量的定义以及它们之间的关系。由此，爱因斯坦提出了质能公式 $E=mc^2$，即能量等于其质量与光速平方的乘积。这是对自然界深层奥秘的一大发现，它预示了在物质内部隐含着巨大的能量。直到 1938 年，两位德国物理学家在分裂原子核时，才戏剧性地展示出释放这种能量的实际可能性。

对称性可以指导物理学家去探索自然奥秘，这并不是个别的情况。狄拉克（P. A. M. Dirac，1902—1984）于 1929 年关于反物质的预言便是著名的事例。到 20 世纪 20 年代末,物理学家们已经发现了支配原子中电子的薛定谔方程。薛定谔方程不是洛伦兹不变的,然而由于在原子中运动的电子的速度比光速小得多,它能很好地描述已知的原子性质。狄拉克也像爱因斯坦那样,坚持认为所有的物理学都应是相对论性不变的。因此,他着手使薛定谔方程具有洛伦兹不变性。让他大吃一惊的是,修改后的方程具有比薛定谔方程多一倍的解。经过一段时间的困惑,狄拉克意识到附加的那些解是描述一个与电子性质相反的粒子的,这便是反电子或叫正电子。事过三年之后,这种反物质便被卡尔·安德森(C. Anderson)发现。

这说明,在科学中"一种对称性的发现比一种特定现象的发现意义重大得多。像旋转不变性和洛伦兹不变性这样的时空对称性,统治着整个物理学"①。任何一个理论体系都具有一定的对称性,它保证了理论体系内部的一致性,决定了理论体系普遍性的范围和大小。但这种对称性又是相对的、有条件的、暂时的,它自身包含了否定的因素。也就是说,对称性中总包含某种不对称的因素。

对称和守恒之间有密切的关系。对称是变换中的不变性,守恒也是一种不变性。因此,对称对应于守恒,而对称的残缺对应着不守恒。内特尔定理指出,如果运动规律在某一变换下具有不变性,必然相应地存在着一个守恒定律。如空间间隔平移的不变性,说明物理规律不因空间位置的移动而变化,由此可以引申出动量的守恒定律。它表明:系统不受外力作用时,总动量是恒定不变的。同时空间各个方向是同性

① [美]阿·热著,荀坤、劳玉军译:《可怕的对称——探索现代物理学中的美》,湖南科学技术出版社 1992 年版,第 81 页。

的，没有一个方向比其他方向更优越。物理定律不因转动而改变，这叫空间旋转的对称性，由此导出角动量守恒定律。

宇称是反映空间左右对称，即镜像对称的物理量，它的守恒性被称为宇称守恒定律。这一定律在引力、电磁和强相互作用的条件下，都证明是正确的。但是，1956年李政道和杨振宁二位博士提出，在弱相互作用下空间的镜像对称会被破坏，造成宇称不守恒。这一预见，为吴健雄(1912—1997)教授所证实。吴健雄教授还证明，“电荷的共轭变换C，在弱相互作用下也不守恒，这就打破了人们认为空间反演对称和正反粒子变换在任何情况下都对称的传统观念”①。对称与不对称、守恒与不守恒，反映了物质运动不同层次的特性和状态。对称作为形式美的一种表现形态，成为科学研究的一种方法论原理。

科学中的和谐与统一

和谐是多样性的统一，表现为各种差异或对立要素之间在相互联系中取得的协调一致。和谐给人的印象不是杂乱无章，而是一种鲜明的秩序感。它是各种形式美要素的综合性的最高体现，具有巨大的审美价值。黑格尔曾指出：“和谐一方面见出本质的差异面的整体，另一方面也消除了这些差异面的纯然对立，因此它们的互相依存和内在联系就显现为它们的统一。”接着他谈到颜色的和谐，“例如黄和蓝，经过中和而成为具体的同一。这两种颜色的和谐之所以美，是由于它们的鲜明的差异和对立已经消除掉了，因而从蓝黄差异本身就见出它们的协调一致。它们互相依存，因为它们所合成的颜色不是片面的，而是一

① 徐长山、王德胜编著：《科学研究艺术》，解放军出版社1994年版，第314页。

种本质上的整体"[①]。纯然的对立和差异不能构成协调的整体,正是依靠它们的相互联系和相互作用,才消除了它们之间的纯然对立,彼此渗透和融和为具有新质的统一体。

事物所呈现的和谐和统一,不只是一种外在的和形式上的特征,而且是事物的构成结构和内在性质。物质系统和过程只有以有机联系的整体的状态出现,才能使它的构成要素达到在数量上比例匀称协调,在结构上合理而有序,从而实现功能的优化。在这里,比例的协调和结构的有序,体现了系统内部要素之间关系的和谐。由此,系统才能达到平衡和稳定。当然,这种平衡、稳定和统一和谐也不是凝固不变的。因此,和谐和多样统一也有静态和动态的区分。系统的和谐统一表现在运动、变化和发展中,呈现出一定的规律性。规律性成为衡量物质或过程的和谐的标志。

和谐作为形式美的综合体现,它给人的审美快感直接源于人的生理和心理的需要。和谐体现了事物的完整性,也体现了人的精神需要的丰富性,正如一位美国建筑学家所说:"可能,人是热烈追求秩序和美的唯一生物。""人本能地寻求和谐;讨厌混乱、丑陋和无逻辑性。"[②]

人们用和谐与统一的观点来观察自然界,便会发现它是一个充满物质、能量和信息交换的循环的网络。自然界在永恒的流动和循环中运动,这种循环表现出运动的周期性变化,它成为自然界和谐的基础。1971年,德国著名科学家艾根(M. Eigen)在《自然》杂志上发表了《物

---

① [德]黑格尔著,朱光潜译:《美学》第一卷,商务印书馆1979年版,第180—181页。

② [苏]德廖莫夫等编,吴式颖等译:《美育原理》,人民教育出版社1984年版,第109页。

质的自组织和生物大分子的进化》,提出了超循环理论。[①] 这一理论认为,自然的演化、生物的进化、事物的发展,都蕴含在物质、能量、信息的一系列嵌套循环中,大循环中套叠着一系列的小循环,小循环又连接成大循环,彼此套叠覆盖,形成网络结构和过程。过程都不是简单的线性关系和前因后果的关系,而是双向因果链,是多因多果、多果多因的相互作用。世界的变化便融合在这种极为复杂的相互作用中。

自然科学理论是对自然界物质运动规律性的反映,它的和谐首先基于自然界自身的和谐和统一。其次从理论内在结构上看,和谐来自逻辑的正确性和构造的严密性。再者从理论外在功能上看,它要在相关领域内与各种理论体系相互协调,从而在理论的交叉、渗透、综合和整体化中起到促进作用。

3. 技术美

在日常生活中,人们接触最多的一种审美形态便是技术美了。技术美寓于各种生活用具和物质产品之中。从四季服装各种款式和花色的变化到人们餐饮用具和环境的不同格调式样,从宽敞便捷的大型轿车到温馨优雅的环境施设和居室陈设,这些都是人们衣食住行不可或缺的对象。对于日用商品的选择,人们在满足自己实用需要的同时,无不包含各异的审美追求。早在 20 世纪之初,德国包豪斯设计学院便提出了大众化的工业产品应符合实用、经济和美观的要求,它为技术美的普及提供了设计依据。

我们将从一个实际范例的剖析和与艺术美的形态比较中说明什么

① 徐长山、王德胜编著:《科学研究艺术》,解放军出版社 1994 年版,第 317 页。

是技术美,进而了解这一概念在近代工业发展的历程中是如何产生的。由此我们可以看出:这一审美范畴的确立具有特殊的实践意义和理论意义,它将为工业技术的发展提供一种人文导向和直观的综合价值尺度,对于我国物质文明和精神文明建设将产生深远的影响。

埃菲尔铁塔——一个范例的剖析

到过巴黎的人都会对埃菲尔铁塔留下深刻的印象。它是为纪念法国大革命一百周年和迎接 1889 年巴黎世界博览会而修建的。工程师埃菲尔(G. Eiffel,1832—1923)利用当时新兴的工业材料——钢铁,以技术结构的精湛设计确保了这一工程的顺利实施。埃菲尔铁塔高 300 米,由 12000 个构件用 259 万个铆钉组装而成。塔身带有三个平台,第一平台高 57 米,第二平台高 115 米,第三平台高 276 米。由于埃菲尔铁塔采用了通透性结构,所以具有良好的抗风性能,在大风中顶部摆动一般不超过 12 厘米。在巴黎的众多景观中,埃菲尔铁塔具有极其显赫的地位。凡是用画面来表现巴黎的地方,就会出现埃菲尔铁塔的形象。罗兰·巴特(R. Barthes,1915—1980)对于埃菲尔铁塔的技术美进行了精彩的剖析。他指出:那简单的矩阵形式,赋予了铁塔难以数计的联想职能:它时而是巴黎的象征、现代性的象征、交流的象征、科学的象征或 19 世纪的象征,时而又是火箭、立柱、钻塔、避雷器或昆虫。在人的想象之中,它成了无法回避的符号象征。它为各种各样的梦幻和想象提供着形式,或为之提供营养。即使把它简化为一条普通的线条,它依然具有一种神话功能,那把底部与顶部连接起来的线条,正是沟通天与地的纽带。

在巴黎市区的任何角落,都会看见埃菲尔铁塔。当年法国作家莫泊桑(H. R. A. G. de Maupassant,1850—1893)曾经常在埃菲尔铁塔餐厅中用餐,他因抱有传统艺术的偏见而不喜欢埃菲尔铁塔。他说,这是在巴黎唯一看不见埃菲尔铁塔的地方。正是出于这种动机,他才选择在这个餐厅用餐。但无论如何,一百多年来埃菲尔铁塔已经完全融入了巴黎人的日常生活,融入了巴黎的整个景观之中。埃菲尔铁塔的功能实现了“向外看”与“被看”之间的有效循环。当人把目光投向埃菲尔铁塔的时候,它是人们观赏的对象;而当人登上埃菲尔铁塔俯看巴黎时,它又成了观赏的视点。在感觉范围中的这种独特地位,赋予了埃菲尔铁塔一种多义倾向,其发挥着符号象征的“能指”作用,吸引着各种意义。在观赏目光与观赏对象的交替中,使人不断生发出超越埃菲尔铁塔之外的各种新的意象。参观埃菲尔铁塔就会观看到巴黎的全景,埃菲尔铁塔正是借助这种换喻关系,成了巴黎的象征。

埃菲尔铁塔是按纪念性与实用性相结合的工程来设计建造的。在当时的反对者中,人们正是想以指责它无用来阻止它的建设。工程师埃菲尔在面对一些著名艺术家的质问、捍卫自己的设计时,曾经列举了铁塔未来的各种用途,如进行空气动力学测试、金属抗力研究、攀登者的生理学研究、无线电和电力方面的研究、通信传播实验、气象观察等。当时,埃菲尔是把铁塔视为一种合乎理性而且有实际用途的对象。在以后建成使用的过程中,铁塔也确实发挥过电讯实验和电视广播的传播等功能。但更为重要的是它的审美功能和象征功能,人们把这些功能看作是埃菲尔的一种巴洛克式的伟大幻想,与其说它是理性的,不如说它是非理性的,是激情和想象力的成果。

建筑一直是梦幻与功能的结合物,是对乌托邦的表现和实现舒适的工具。前者是艺术的功能,后者是技术的功能。从这种意义上说,建筑是技术与艺术的结合。“实际上,铁塔什么都不是,它所实现的是建筑物的某种零度状态,它不参与任何神圣的东西,甚至也不参与艺术;我们不能把铁塔当作博物馆来参观:铁塔中无任何可值得看的。不过,这座空的建筑物每年都接待比卢浮宫多两倍的游客,而比巴黎最大的电影院接待的人更多。”①

这就是说,建筑物一般具有封闭性,人们参观一个教堂、博物馆,首先便要走进去。走进去就意味着透视它、占有它。埃菲尔铁塔却是一个开放性的结构,除了处于不同高度的三个平台之外,便是暴露无遗的结构件和扶梯、电梯了。它为人们提供了两方面的东西。一方面,埃菲尔铁塔为人们提供了一定的技术效能和结构。在地面上是那四个相距开来的庞大的基础礅,金属架以倾斜的方式插入石礅。这种倾斜奇特诱人,因为它们必须产生一种垂直的形式,而其垂直度本身则吸引着全部的象征意义。通常电梯是沿着竖直的轴线滑动的,而埃菲尔铁塔里的几台电梯却斜得让人惊异。当人沿着扶梯攀登时,埃菲尔铁塔的所有细节,即钢板、工字钢架和铆钉夸张地结合成的网状结构便呈现在人们面前。原来从远处看像一条抽象的直线,现在竟变成有无数交叉、叠压和散射构件的精密组合。这一还原过程会令人感到惊讶。另一方面,埃菲尔铁塔提供的平台可为人们提供驻足、购物和餐饮等服务。这里形成了一个小小的世界。它突破了古典建筑的封闭性,与人建立了一种活跃的关系。

埃菲尔铁塔的建成是科学技术发展的结果,它反映了建筑领域对

---

① [法]罗兰·巴特著,怀宇译:《罗兰·巴特随笔选》,百花文艺出版社 1995 年版,第 341 页。

新型工业材料——钢铁的应用。工程师埃菲尔曾经利用钢铁修建了杜洛河上的单车道桥、吉隆德河上的铁路桥、加拉比的引水桥以及佩斯特市的火车站大厅。埃菲尔铁塔在这里成了“一种综合形式，这种形式概括了所有重要交通构造物，概括了上个世纪借助于钢铁而对于空间与时间的把握”①。它成为科学技术胜利的一种物质象征。

埃菲尔铁塔作为建筑物，要在高度上延伸，这无法由建筑师完成，而要由技术专家来实现。因此，铁塔的设计是把纯粹的技术能力用于当时的建筑艺术。它突破了传统的艺术形式和造型规范，体现了技术成果的科学预测性。工程师埃菲尔在确定采用钢铁材料之后，所要解决的两个主要问题便是抗风和安装。塔的造型无疑与它的抗风能力直接相关，而在安装方式上全部构件均为预先加工，其误差不超过1毫米，保证了工程的顺利完成。

埃菲尔铁塔的造型，依据科学规律创造性地实现了某种高度的理念。塔身高高地耸起，宽度不断在高度中消融，所有的材料都加入到奔向高处的努力之中。在钢梁上，水平方向与垂直方向之间达到了某种微妙的协调，而那些横向的构件，大部分是斜向的或弧形的，尽管都呈现阿拉伯曲线排列，但它们不是在阻拦，而是一个劲儿地都在向上牵引，直升到插入云霄的塔尖。在这里，工程师埃菲尔所取得的技术成就之一是以轻盈的材料构筑出高大的形体。埃菲尔铁塔给人一种从大地上升腾的感觉。工程师埃菲尔的另一个成就体现在铁塔的通透性上，它可与传统建筑中哥特式建筑的镂空石雕相媲美，以它的透光性使物

① [法]罗兰·巴特著，怀宇译：《罗兰·巴特随笔选》，百花文艺出版社1995年版，第353页。

质材料变得纤细而精巧。这样做正是出于抗风的考虑。

正如罗兰·巴特所指出的:“功能美不存在于对一种功能的良好结果的感受之中,而存在于在产生结果之前的某一时刻被我们所领会的功能本身的表现之中;领会一部机器或一种建筑的功能美,便是使时间暂时停止和延迟其使用,以便凝视其造术。”[①]功能美是技术美构成的核心内容,对技术美的感受并不是对其物质功能的享用,而是对技术产品合规律性与合目的性相结合的自由形式的观照和领悟。埃菲尔铁塔给人的情感激发作用,它的升腾的动势和伟岸而空灵的形态,是它不断获得隐喻和象征的审美依据。埃菲尔铁塔的美,正是技术美的一个范例。

何谓技术美

美的概念是美学研究中一个最古老的范畴。过去人们曾经从不同方面提出了各种美的定义,但是往往或失于宽泛,或过分笼统,或含混不清。本书所用美的概念,是指审美价值。一个事物的美,或一个事物令人赏心悦目的审美特质,是一种价值存在。价值反映了事物的属性与人的需要之间的关系。人的需要与能满足这种需要的物的属性,构成了价值关系中的两极,两者缺一不可。在审美的主客体关系中,主体是审美价值关系的依据和主导。没有审美主体和他的审美需要,也就无所谓审美对象及其审美价值了。审美对象是审美价值的物质承担者,是人的审美活动的具体指向和目标。

---

① [法]罗兰·巴特著,怀宇译:《罗兰·巴特随笔选》,百花文艺出版社 1995 年版,第355 页。

在人的各种需要中，毫无疑问物质需要是第一位的，它是维持人的生存的前提。实用价值是事物满足人的物质需要的效用，因此实用价值是人类社会中产生的第一种价值形式。人的审美需要是在物质需要得到初步满足之后，在社会实践中逐步形成和发展起来的。审美感受的最深刻的根源存在于人的社会实践的对象化过程中，存在于人的自我实现和在对象中直观自身的意愿。因此，审美需要是人的一种精神需要，它反映了人在超越必然性中所取得的精神自由。

在人的对象化活动中，已经包含了创造人的自身世界的意向，也包含了在对象中直观自身的意愿，这正是审美需要形成的原因。正如黑格尔所说："人有一种冲动，要在直接呈现于他面前的外在事物中实现他自己，而且就在这实践过程中认识他自己。人通过改变外在事物来达到这个目的，在这些外在事物上面刻下他自己内心生活的烙印，而且发现他自己的性格在这些外在事物中复现了。人这样做，目的在于要以自由人的身份，去消除外在世界的那种顽强的疏远性，在事物的形状中他欣赏的只是他自己的外在现实。"①这就是说，审美需要不是人对于对象的直接占有和享用，而是通过对象对于人自身能力和本质的丰富性的一种自我确证，是人以感觉方式在对象世界中肯定自己。

技术是伴随着人类的生产劳动而产生的。人类劳动的成果首先具有的是一定的实用价值。在史前人对石器工具的打制中，从粗糙的外表到造型的匀称光滑，在人们对生产效能的追求中，逐步使工具具有了一定的审美特质，丰富了人的形式感受。"如果说，对色的审美感受在旧石器的山顶洞人便已开始；那么，对线的审美感受则要到新石器制陶

① [德]黑格尔著，朱光潜译：《美学》第一卷，商务印书馆 1979 年版，第 39 页。

时期中。这是与日益发展、种类众多的陶器实体的造型(各种比例的圆、方、长、短、高、矮的钵、盘、盆、豆、鬲、甗……)的熟练把握和精心制造分不开的,只有在这个物质生产的基础之上,它们才日益成为这一时期审美——艺术中的一个核心。"[①]因此,技术产物的审美价值,是在它的实用价值的基础之上产生的。它以物的形式构成和形态特征,获得了一种独立的价值存在,并具有了社会——人的意义的象征职能。这便是技术美,它是由人类生产劳动过程中产生的,成为人类最初的一种审美形态。

技术的发展经历了两个不同性质的阶段,由此也使技术美具有了不同的形态特征。在古代,技术活动是以手工操作方式进行的。当时,技术是建立在生产的直接经验和人的直观感受的基础上,对于尺度关系、比例和节奏的掌握,成为提高劳动技巧和改进技术的核心。因此,手工艺技术本身,便有一种趋向审美的特点。同时,技术的发挥是靠双手使用工具的技巧,由于它把人的操作活动和个性痕迹凝结在产品的形式中,从而在成果中也物化了人的精神个性。由此使手工制品获得了某种独特的审美表现力。所以,在手工艺形态的技术中,技艺是不分的,它的产品也可以看作是一种实用艺术品。因为在手工操作中,艺术想象和技术发明可以直接相互转化。然而在此严格说来,技术和艺术也有不同的指向,技术以实现物质功能的经济性和效能为目标,艺术则以发挥精神功能为目标。两者各具审美价值。

近代以来,科学实验逐渐向技术转化,科学与技术相互渗透结合,从而使机器操作代替了手工操作。机器生产的出现,使物质生产过程

① 李泽厚:《美的历程》,文物出版社 1981 年版,第 28 页。

的结构发生了根本性的变化。机器设备的操作对生产工人的技术要求趋于平均化，直接生产工人只从事限定的工艺操作，所以原来的手工艺技巧已无法在其中发挥作用。生产的工艺过程和产品的质量以及造型等，均取决于生产前的设计安排。产品设计的发展，经历了以工程结构设计为主到工程设计与工业设计相结合的过程。由此，使产品不仅具备物质功能，也逐步具备了认知和审美等精神功能，从而提出了产品世界高技术与高情感相平衡的问题。

现代技术产品是科学成果和人的劳动的物化，它的审美价值来源于以下三种特性的结合：首先产品是运用自然规律所完成的技术创造。对自然规律的把握，使自然界的物质在人们面前呈现出它的无限利用的可能性。例如，一个新的技术原理可以为人们开拓出全新的活动领域。对飞行原理和火箭原理的运用使人们不断征服了空间；人们应用材料的不同合成方法，可以形成不同性质的人工材料。产品具有的合规律性特征确保了社会生产的正常进行。其次，产品是为满足人的一定物质需要和使用目的而制造的，它包含了人所设定的社会目的。人的生产劳动是有自觉目的的活动。从历史角度看，人的目的的提出不是主观随意的，而是在实践中经过不断检验和不断充实的结果。所以产品具有的合目的性特征，正是人们把客观规律纳入了人的目的的轨道。再者，作为人的劳动的物化，在产品中凝结了人的创造力和智慧，它把人的理想、欲望和情趣通过人的活动而注入产品中。在手工业产品中，人们可以直接看到生产工人所留下的加工痕迹，而在机器制品中，生产工人的痕迹为机器加工所取代，转化为间接的，但产品设计师在设计过程中却注入了人们的理想和情趣。总之，合规律性与合目的性的统一，使得人的活动超越了客观必然性而取得了自由。产品作为人的社会劳动的对象化，成为人类自身本质的一种自我确证和表现。这正是产生技术美的根源所在。

一般把现代技术产品所具有的审美价值称为技术美，它是现代大工业生产方式的产物，也是科技时代所特有的一种审美形态。技术美的概念是相对于艺术美、自然美的概念而提出的。技术产品把实用功能放在第一位，所以技术美是一种附丽于产品实用功能的美。这一点表现了技术美与艺术美的一个重大区别。艺术作品的审美价值是艺术品实现各种价值的依据，只有通过审美功能，艺术品才能发挥它的各种社会效应。然而，技术产品存在的前提，却在于它具有一定的实用技术功能。当然，产品不仅具有实用技术功能，还需具有认知的和审美的功能。在这里，审美功能对于实用功能具有一定依从性，即审美功能必须以使用目的为取向，且不能与实用功能相背离。再美的灯具，如果不能用于照明，它的美也是不足取的。

此外，技术美是一种现实美，而艺术美是一种反映美，这是两者之间的另一个重大区别。技术产品作为人工自然的一部分，它们组成了人的现实生活环境，产品的审美价值是以它自身的功能形态呈现出来的。艺术作品作为社会生活的反映，它只提供人的社会生活的映象或幻影，所以艺术作品的美是一种观念形态的审美价值。例如一辆精美的轿车、一座别致的生态住宅、一座宏伟的立交桥，它们是人类改造自然的成果，存在于人们日常环境中并介入现实的物质生活过程。它们的审美价值是产品内在质量和性能的一种外在表现和直观。作为艺术作品的雕塑、绘画或影视作品，只是用艺术媒介创造的一种幻象，它们不会介入人的物质生活过程，它们的美是在对现实生活的反映中的一种精神创造物。

因此我们说，自然美是天然物质的原生形态的审美价值；技术美是人工自然的功能形态的审美价值，它使人体验到自然规律是如何向人的目的转化的；而艺术美是反映社会生活的观念形态的审美价值。

技术美的研究

对于技术美的研究和思考，非自今日始。应该说，工业化大生产的出现为这一课题的提出做了社会实践的准备。产业革命首先在英国出现，至 19 世纪中叶欧美各国纷纷完成了这次产业革命。早期的工业产品，首先要解决的是结构和工艺的可行性，但缺乏精心完美的整体设计。于是大量廉价而粗陋的机器制品充斥于市，给人一种冷漠和格格不入的感觉。1851 年在伦敦举办了世界工业博览会，展出品中，除了美国的一些工具类产品造型简洁之外，多数机器制品都外加了各种装饰。如给蒸汽机安上多利斯式的圆柱和拱门、为铸铁机身刻铸上哥特式纹样、把金属制品涂上木纹等①。在当时人们的思想中认为，裸露的机械结构是丑陋的，必须用传统装饰把它们遮掩起来，但这不仅妨碍了技术产品功能的发挥，而且破坏了整体的和谐统一。

当时英国《设计》杂志的一位编辑已经发现了这一问题。他在博览会的报导中指出，设计的概念关系到产品的实用和美观两个方面，不应该把产品的功能和结构置于装饰之下，装饰只是在完成的产品上起到美化的作用。

当时不仅工业产品粗陋不堪，工业生产本身的条件也十分恶劣。

---

① 参见刘易士·芒福德著，程代熙译《机器的审美掌握》，见[美]麦·莱德尔编，孙越生等译《现代美学文论选》，文化艺术出版社 1988 年版，第 560 页。

在19世纪的一些文艺作品中对此曾经有所描述,英国作家狄更斯(C. J. H. Dickens,1812—1870)曾就伯明翰写道:在沉闷的地平线上,到处是拥挤的高炉,形状单调而丑陋,显示着令人窒息的恶梦般的恐怖。它们用黑烟吐出诅咒,遮蔽了阳光,凄凉的空气充满了恶臭。古怪的机器在转动,像受刑人那样扭曲着,摇摆着铁链,在旋转之中不时发出尖叫,好似无法忍受这种折磨,大地在它们垂死的抽搐下颤抖……这是一幅多么可怖的景象!

在对技术美的探索中,现代主义建筑的滥觞提供了最初的思想成果,这就是有关功能主义的主张。现代建筑理论受到生物学思想的影响。在生物进化中形态的变异是由功能决定的,因此造型中也应该形式依随功能。"形式依随功能"这一口号的提出归功于芝加哥建筑学派的沙利文(L. Sullivan,1856—1924),他明确了功能造型的方向。在1892年发表的《建筑中的装饰》中,沙利文指出:为了能集中地思考建造裸露形式的优美建筑,在若干年内如果禁绝使用一切装饰,对于我们的美学会大有裨益,这样我们才能开始研究使用装饰究竟在怎样的程度上增进建筑的美。

如何认识产品的实用功能与审美功能的关系,以及如何发掘产品内在的美,成为首当其冲的问题。1904年,法国美学家保·苏里奥(P. Souriau,1852—1925)在《合理美》一书中指出,美同有用性应该吻合,物品能够具有合理的美。一种物品的形式只要明显地表现了它的功能,就能够取得美。有用与美的结合,就是适合于功能的美。拉罗进一步提出了工业美的结构论。他认为,工业美是由工业产品不同质的各种结构要素组合而成,通过整体的超结构系统表现出来。犹如声乐中多声部对位法构成的和声一样,是由其相互关系的和谐而产生美的。

基础结构要素包括功能的、材料的、有机体的、形式的和环境的，它们的合成构成了超结构系统。①

在德国产业联盟的影响下，1919 年由著名德国建筑家格罗皮乌斯(W. Gropius，1883—1969)建立了包豪斯设计学院。学院在设计思想上经历过表现主义、构成主义和功能主义等不同阶段，但功能主义设计原则占有主导地位。这些原则表现在：废弃历史传统的形式和产品的外加装饰，主张形式依随功能，尊重结构自身的逻辑，强调几何造型的单纯明快，重视技术和工艺，促进标准化并适当考虑商业因素。

功能主义设计实践，对于技术美的探索具有重大意义。它从工业生产过程的合理性中发现了产品审美形态的决定性基础，主张使产品的审美特征寓于技术的目的性形式中，从而把实用、经济和美有机地联系在一起。但是，由于他们对功能的认识仍局限于实用功能，有时把适用性与美相等同；割断设计发展的历史连续性，忽视传统的意义；强调大众的普遍性需要而削弱对个性的表现，因此具有一定局限性和理论上的简单化。

竹内敏雄在《美学总论》中明确地指出：功能主义设计运动在历史上的意义在于，它揭示出在技术产品本身中存在的技术美。竹内敏雄认为，技术美并不在于功能性本身，而是在于功能的合目的的活动所具有的功能力的充实与紧张，并在与之相适应的可感的形式中的呈现，从而构成了审美价值。在本来是有用的东西转而作为美的东西供人观照时，主体的意识状态也要进行相应的转变，要从功利态度转化为审美态

① 以上参见[日]佐佐木勇《工业艺术论》，原载[日]竹内敏雄主编《美学新思潮讲座》第四卷《艺术与技术》，东京美术出版社 1976 年版，吴火译。

度。但有用对象在审美观照时有用性并不从意识中消失,其功能性也并不从视野里消逝。在这种场合,功能价值只是从背景中支持着审美价值,而功能形态的表现力才构成了技术美。①

我国美学家李泽厚也指出:“欣赏长江大桥、高速飞机或火车,就并不只是种形式美的观赏,而是能从其中感到社会目的性,感到社会劳动成果、社会快速前进的内容,亦即前进的社会目的性成了对象合规律性(桥造得多么巧妙呀! 这飞机多有气势!)的形式,善成了真的形式。”②这就是说,技术美的内涵是产品形态所表现出的功能目的性,它反映了社会前进的历史内容。

技术美的研究具有巨大的现实意义和理论意义。

第一,技术美不仅是当代的一种审美形态,而且也是人类原发性的审美形态。从现代技术美的形态特征中可以使我们窥见那些充分展开了的原发性审美要素。正如马克思所指出的:“人体解剖对于猴体解剖是一把钥匙。低等动物身上表露的高等动物的征兆,反而只有在高等动物本身已被认识之后才能理解。因此,资产阶级经济为古代经济等等提供了钥匙。”③对技术美的研究可以揭示出人类史上审美意识形成的机制,从而使我们进一步认识到:使用工具的生产实践形成了人的活动的动态工具结构,它不仅传递着人类的经验,规范着主体的活动样态,而且塑造着人的文化心理结构。

第二,对技术美的历史研究表明:人类审美意识的发展,始终受到

---

① 参见[日]竹内敏雄著《美学总论》,东京弘文堂1979年版,第五章第四节,技术美的问题,吴火译。

② 李泽厚:《美学四讲》,生活·读书·新知三联书店1989年版,第76—77页。

③ 马克思:《〈政治经济学批判〉导言》,见马克思、恩格斯著,中共中央马克思恩格斯列宁斯大林著作编译局编《马克思恩格斯选集》第二卷,人民出版社1972年版,第108页。

科学技术的影响和制约。以建筑艺术为例,“在历史上,建筑艺术历来都是其时代最先进技术的真实体现,当前的建筑仍然趋于采用最先进的空间技术”[1]。正是以这些先进技术为依托,才创造出许多蔚为壮观的建筑景观。这说明,不论人的审美趣味还是艺术形态的更迭,都会受到科技和物质生产水准的重大影响。因此,对当代审美形态的研究,不能不考虑到科技因素的影响。

第三,技术美作为工业产品所具有的审美价值,它是产品合规律性与合社会目的性相统一而取得的自由形式,说明它克服了技术的自发性,突出了科技为人类服务的功能目的性特征。审美价值对人具有最大的生理和心理适应性,产品的美成为产品功能目的的直观表现,因此技术美成为产品宜人性的尺度。对产品技术美的强调,便是为工业技术的发展提供一种人文的导向。

第四,美在和谐。技术美强调了科技进步与社会发展和自然环境的和谐统一。它把人的科技视野与人文视野结合在一起。世界首先是客观实在的物理世界,它的存在是不以人的意志为转移的。人要生存,就需要吃饭穿衣、生儿育女。因此人要不断去认识世界和改造世界,追求行为的合理性和经济效能。同时,世界又是人的世界,人是充满欲望、需求、想象和情感的,因此人也要把这个世界塑造成充满人的感情色彩和审美情趣,使它成为与人息息相通的精神世界。技术美正是实现这种沟通的结合点,它有利于促进自然科学、技术与社会科学、人文科学的联系,促进科技创新与审美文化的结合。

---

① [英]帕瑞克·纽金斯著,顾孟潮、张百平译:《世界建筑艺术史》,安徽科学技术出版社 1990 年版,第 391 页。

第五,技术美存在于人们的日常生活和劳动环境之中,通过环境与人的相互作用,可以发挥技术美的审美教育职能。技术美的产品作为人的环境构成,可以通过对人的情绪的调节、对人的行为的暗示和诱导进而促成对人的审美理想和精神境界的升华。这是一个润物无声、潜移默化的过程,它把外在环境的审美特质内化为人的个性意识和心理,体现了物质文明对精神文明的促进作用。

第六,技术美不仅是工业产品发挥审美功能的要素,也是构成产品外观质量的重要标准。它既是产品使用价值的组成部分,又是对产品使用价值的一种展示和承诺。注重工业产品外在形态的设计,通过造型、色彩、质地的处理,充分展示出产品与环境对于人的意义和价值,这无疑是构成名牌产品的重要方面。它可以极大地提高产品价值的含量,从而提高产品的交换价值和市场竞争力。这对我国企业生产的发展具有现实的意义。

综上所述可以看出,技术美的研究方兴未艾,从理论层次到应用层次具有广阔的开拓空间。

科学和艺术就是自然这块奖章的正面和反面，它的一面以感情来表达事物的永恒的秩序；另一面，则以思想的形式来表达事物的永恒的秩序。

——赫胥黎[①]《科学与艺术》

四、文化整合
——科技与审美文化的交汇

人类在认识和改造自然界的过程中，不仅发展了科学和技术，而且也在自己的情感生活中创造了艺术和各种审美文化。作为人类文明的成果，它们无不体现出对于真善美的追求。

理性思维是科学的核心，只有当人把理性思维用于各种经验目的时，科学才存在。因此，在科学中人们把理性作为至高无上的权威。科学的世界观是按照理性的原则组织起来的，人们也把这个原则渗透到个人生活和公共生活当中，渗透到整个社会的政治、经济和文化教育活

① 赫胥黎(T. H. Huxley，1825—1895)，英国博物学家。

动中。然而,人的理性能力本身也是历史发展的产物,并随着科学文化的发展而演进。科技理性作为一种认识工具和实践工具,也有它自己的限度。

因此,美成了发展人的感性生活的重要工具,成为人对自身力量进行自我意识和自我享受的重要方式。人的审美活动是以情感为中介的,成为情感生活的聚焦点。

科技理性的认识和实践功能,是人们创造物质文明的主要工具。但是由于自然科学本身并不提供价值判断,不能解决人的目的和行为取向,这便需要人文科学的介入。美学是人文科学的重要组成部分,它为实践理性的发展提供思路。在社会实践和人的自身发展中,审美追求可以使人达到对于认识功能有限性的超越,从而使理性与情感成为人们理解世界和把握世界的精神力量。这种力量的结合表现在科学理性和审美超越功能的统一上。所以,文化整合成为科技的社会接受和认同的依据。科技与审美文化的交汇直接作用于培养人的素质、提升人的精神境界。

1. 科学理性与审美超越

科学活动与审美活动,反映着人与世界的两种不同的关系。在科学活动中,认识主体与被认识的对象是作为两个彼此外在的、相互独立的实体而存在。主体是能思维、能认识的行为者,而对象是具有因果联系的、可以为人所认识的客观实体。主体只有在改变对象的形态和性质的过程中,才能逐渐认识对象的属性,因此认识总是伴随着实践过程而产生的。理性作为科学认识的工具,它的形成和发展处于人类认识活动的历史中。

审美活动中,审美主体与审美对象之间处于一种和谐交融的关系,主体对于对象的感知,通过知性和想象力的自由活动达到一种情景交融、物我两忘的境界。审美隐含着人的理解和认识,但主要在于获得一种形式感受、意义领悟和价值体验。情感作为沟通主客体的中介,使审美活动始终保持着情绪色彩和感性直接性。在这里,审美价值成为关注的中心,也成为对象各种精神价值的整合点。因此,审美是主体对客体的一种价值评价关系。

科学理性是在人的科学活动中形成的一种能力,它会随着科技的进步而发展。人们对理性的认识,也是随着历史的发展而不断深化的。人们曾经把理性看作是区别于经验的某种认识能力,把它与逻辑思维联系在一起;人们也曾把理性与宗教信仰相对立,着重于理性获取知识和证据的作用。因此,在理性与情感世界的关联中,只有认清了理性的实质、功能和局限,才能发挥审美的创造性和超越性功能。

科学理性的历史发展

在西方认识论的历史上,最初把人在思维中抽象概括出来的东西与现实世界中直观存在的东西区分开来的,是毕达哥拉斯学派。他们认为,世界万物的本原并不是物质,而是一种抽象的、非物质的数。后来,爱利亚学派的巴门尼德(Parmenides,鼎盛年约在公元前504年)进一步提出,我们所处的世界是一个变动不居的世界,在宇宙万物的流转中,“有”才是实在的、常驻的,“无”是不实在的、变化不定的。因此,由感觉而知的世界就是“变”、是“无”,只是一种幻象。只有理性的道路才能认识真理。他借诗中女神之口说:“要使你的思想远离这种研究途径,别让习惯用经验的力量把你逼上这条路,只是以茫然的眼睛、轰鸣的耳朵或舌头为准绳,而要用你的理智来解决纷争的辩论。”[1]由此,提出了作为理智的理性概念,把其作为认识真理的途径而与人的感觉和经验区别开来。

真正从认识活动中把感性和理性作为两个不同认识阶段区分开来的,是原子论的唯物主义思想代表德谟克利特(Demokritos,约前460—前370)。他说:“有两种认识:真实的认识和暗昧的认识。属于后者的是视觉、听觉、嗅觉、味觉和触觉。但是真实的认识与这完全不同。”“当暗昧的认识在无限小的领域中再也看不到、再也听不见、再也闻不出、再也尝不到、再也摸不到,而研究又必须精确的时候,真实的认识就参加进来了,它有一种更精致的工具。”[2]在他对于认识的探讨中,已经明确提出了理性认识的概念。

理性是人区别于动物所具有的特殊精神能力。“动物有感觉,有直观;人则还要思维,还要知道。欲求则为人与动物所同有。动物用姿态和声音传达自己的感觉和情绪,人则是用语言对别人传达思念或隐瞒思想。语言是他理性的第一产物,是理性的必需工具。所以,在希腊文和意大利文中,语言和理性是用同一个词来表示的:在希腊文是‘逻戈斯’λoros,在意大利文是‘迪斯戈尔索’ildiscorso。”[3]

由于人有理性,能控制情感和激动,能由判断推求结论,能不依赖经验而掌握知识和制定行动原则。“在其最一般的意义上,我们所谓的

① 北京大学哲学系外国哲学史教研室编译:《西方哲学原著选读》上卷,商务印书馆1981年版,第31页。

② 北京大学哲学系外国哲学史教研室编译:《西方哲学原著选读》上卷,商务印书馆1981年版,第51页。

③ [德]叔本华著,石冲白译:《作为意志和表象的世界》,商务印书馆1982年版,第71页。

'理性思维'简单地是指任何与亚里士多德逻辑原则、或在某种情况下与现代的非亚里士多德逻辑原则相容的思维。例如,我们的意思是,理性思维使非同一性事物保持分立(A 不能既是 A 又是非 A),而且接下来的就是对事物之间的联系进行演绎推理的过程。"①

近代科学理性的兴起始于文艺复兴。当时人文主义运动的任务便是把对神的信念转变为理性的思考。第一个人文主义者彼得拉克(F. Petrarca,1304—1374)最早恢复了古希腊思想家提出的"人是最宝贵的"的思想,从重视人的价值这个原则出发,提倡把人作为思考的重要对象。与此同时彼得拉克崇尚理性,把古典著作视为智慧和理性的代表。达·芬奇(L. da Vinci,1452—1519)则认为,真理不在宗教之中而在科学之中。"经验这一沟通大自然与人类的译员告诉我们:大自然在受制于必然性的凡人身上所做出的一切,都只能以理性这一舵手教它做的那种方式起作用。"②

培根从哲学上概括了自然科学成果,提出了认识始于经验的基本原则,创立了归纳的科学方法论,为实验科学的发展开辟了道路。培根认为,一切科学知识都是从观察开始的。但是,"人类理解力不是干燥的光,而是受到意志和各种情绪的灌浸的"③。困扰人们心灵的偏见和假象共有四种,"第一类叫作族类的假象,第二类叫作洞穴的假象,第三类叫作市场的假象,第四类叫作剧场的假象"④。这里涉及认识的主观

① [美]伯纳德·巴伯著,顾昕等译:《科学与社会秩序》,生活·读书·新知三联书店1991年版,第7页。

② 北京大学哲学系外国哲学史教研室编译:《西方哲学原著选读》上卷,商务印书馆1981年版,第311页。

③ [英]培根著,许宝骙译:《新工具》,商务印书馆1984年版,第25页。

④ [英]培根著,许宝骙译:《新工具》,商务印书馆1984年版,第19页。

性、片面性、表面性和盲目性。

族类的假象是指人们以自身为尺度,不按照自然的本来面貌去观察事物。这是出于思想的成见、个人情感的注入或感官的失误等。洞穴的假象是指个人所特有的偏见。这是由于有的人善于察觉事物的相异之点,而有的人善于察觉事物的相似之处;有的人崇古,有的人趋新;有的人屈从于习惯,使他的学说成为逻辑的奴隶。市场的假象是指人们在交往中由语言使用不当而造成的混乱和偏见。文字中的歪曲和错误使人们陷入无休止的、空洞的文字之争。剧场的假象是指盲目崇拜权威和迷信传统造成的偏见。培根认为,发展科学的第一步便是摒弃这些假象,否则无法步入科学的大门。

笛卡儿则以"天赋观念"说与经院哲学鼓吹的神学信仰主义针锋相对,要求用理性去改造一切和判断一切。他认为,清除谬误、发挥理性权威的方法就是普遍怀疑。由此人们就能摆脱成见,运用理性这个自然之光发现清楚、明白的真理,为知识大厦奠定最可靠的基础。他把几何学方法提升为哲学方法论,强调演绎法和直觉在科学中的作用。

从伽利略到牛顿的近代自然科学方法,既不同于理性主义的几何式演绎,也不完全同于经验论的描述和归纳。它通过将科学实验与数学方法的结合,将经验和理性结合,成就了近代自然科学的进步。

在西方认识论史上,康德是一位自觉地研究理性认识与感性认识的关系,从而阐明了人类理性在认识过程中的作用的哲学家。他把人的认识能力分为感性、知性和理性三个环节。理性作为最高的认识能力,在知性杂多的基础上完成认识的统一性综合。在科学认识中,他突出了人的主体能动性,强调了科学实验依据理性的设计可以主动向自然界提出问题。他虽然对人类理性充满信心,但是当面对科学认识中绝对真理与相对真理的关系难题时，除了搬出一个“自在之物”来限定理性的界限之外，毫无别策。

马克思主义在实践基础上发展了科学理性。它把人的社会实践看作是人的思维最本质的、最切近的基础，只有从人的社会实践去理解客观世界和人本身，才能理解人的感性和理性。科学理性的本质源于人的社会实践活动。此外，恩格斯在《自然辩证法》中进一步强调了辩证法是自然科学最重要的思维形式，为自然科学的进一步发展明确了方向。

19 世纪初，自然科学虽然有了相当的发展，但是对于社会的科学研究却几乎近于空白。法国哲学家、社会学家孔德（A. Comte，1798—1857）在圣西门（C. H. de Saint－Simon，1760—1825）等人的基础上创立了社会学，并提出了实证主义的概念。孔德相信可以把自然科学的成果移植到对社会的研究中，把科学观察、实验和比较的方法运用于整个世界，特别是运用于社会生活。社会科学作为一门科学，要运用公认的科学研究手段和方法，对可观察的社会现象进行实证描述和总结，并对各种假说进行证实和检验。然而，孔德的实证主义倾向，由于排斥思辨和形而上学的抽象性探索，削弱了思想内涵的丰富性并损害了社会科学的价值。

对于科学知识发展的动态过程，库恩在《科学革命的结构》一书中提出了科学革命的理论。库恩承认，感觉主体的世界观、理论观点、文化修养、个人经历和心理特征等主观因素会影响并渗透到感觉过程中，所以他强调科学研究要同时发展两种思维方式，一种是自由奔放的发散式思维，另一种是受一定传统制约的收敛式思维，并使两者保持一定的张力。库恩认为，科学范式的变换是科学革命的标志。范式是指科学活动中有关定律、理论、应用及设备的范例，为某一种科学传统的出现提供了模型。范式的形成正是发散式和收敛式两种思维方式的结果。范式作为理性的工具，不单是一种知识体系，而且是知识的社会形式，它直接影响人的世界观、洞察力、注意力和理解力。

科技理性的功能局限

科技理性是在自然科学和工程实践中培育起来的人的一种理性能力。“理性意味着客观性的机能，这种机能关系到自然的知识，也关系到人、社会和自己的知识。”① 自然科学“在描述和解释环绕我们的宇宙、我们生活的世界、我们本身的组织以及我们躯体的物理和化学性质时，曾经过一段漫长的路程，它甚至于讲到研究头脑操作的方式和机制，继之，它延伸到研究思想意识和自由意志的问题——但到此即只得停止前进，科学已不再能作任何证明，或是提供证据……”②

自然科学和技术科学为人们认识世界和改造世界提供了工具和手段，但是它们本身并不能为人们确立直接的目的。科学技术的不同应用，既可能给人带来利益和幸福，也可能给人带来不幸和痛苦。正如原子能既可以和平利用作为能源和动力，也可以用于战争造成巨大的破坏。它既可以使人类对前途充满企盼，又可以使人产生蒙受危机的忧患感。

人类的认识活动是一种有限与无限的辩证统一过程，任何科学成

① ［美］埃里希·弗洛姆：《健全的社会》，见［美］埃里希·弗洛姆著，黄颂杰主编《弗洛姆著作精选——人性·社会·拯救》，上海人民出版社1989年版，第310页。

② ［美］万尼瓦尔·布什著，李克译：《科学的贫乏》，生活·读书·新知三联书店1991年版，第18—19页。

就都具有相对真理的性质，人对自然和社会的改造总是具有探索性和对话性。科学不能以绝对真理的面貌出现，也不具有绝对命令的权威。在人的认识能力的有限与无限、相对性和绝对性的冲突中，总会涉及人的文化选择和价值定向，这时工具理性便要让位于价值理性，人文社会科学就要进一步发挥它的作用。

科技的应用首先带来物质文明的进步和财富的增长，但是否给人带来幸福和解放？这里涉及一系列复杂的社会权衡和人生意味。

幸福感往往与某种需要的满足相关联。当人意识到某种需要而又得不到满足时，会产生一种不幸的感觉。然而，若没有意识到这种需要，反而不会产生不满或不幸的感觉。科学技术为人们开发出越来越多的“需求意识”，但现实的满足程度并不能与此同步，由此，也会增添人们的不满和不幸的感觉。这就是说，科学技术能给人们带来富足，却不一定能带来幸福。因为“科技文明增加的是幸福和不幸的总量，有多少幸福就有多少痛苦”①。

再者，社会的许多罪恶起源于人的贪欲，即无节制地占有财富和享乐的欲望。科技文明创造的财富扩大了人的贪欲，相互的攀比使现代人在富足中反而更加不满足。科技手段既可用于防范犯罪，也可用于犯罪。这也是科技理性本身所无法解决的问题。

此外，科学技术装备使人从繁重的体力劳动中解放出来，机械化和自动化工具代替了人的体力劳动，计算机减轻了人的脑力劳动。然而根据用进废退的原理，人的体力和脑力也会产生能力的退化，使人只能依赖于科技手段。一旦离开了科技手段，人就变得无法生存了。那么，

① 肖峰：《科学精神与人文精神》，中国人民大学出版社 1994 年版，第 214 页。

科技进步给人带来的是进化还是退化?

在对自然存在物的规律性的探索中,科学可以把事物化解为单一的因果联系,从而把事物纳入一种自然秩序之中。然而,当进入人类社会群体的事务中,进入人的情感和意志的领域,科学所渴求的必然性便消失了。因为在这里起作用的不再是单一的因果关系,而是各种复杂的随机联系交织在一起,由此存在多种偶然性。这是人文社会科学与自然科学的一个重大区别。自然科学通常是因果决定论的领域,而人文科学存在行为主体的价值选择和概然性。

个人与世界应该怎样,这已不是科学认识的问题,而是一种价值的选择。人是一个活生生的社会存在,不仅具有知识和理性,而且具有感性特征、情感世界和自由意志;不仅要有能安居乐业的物质家园,而且要有能获得人生意义和生命价值的精神家园。历史的发展是通过人的活动实现的,随着人的丰富性的展开,世界的舞台便呈现出更加蔚为壮观的景象。

审美超越与自由境界

超越是人的主体能动性的表现。对人说来,存在着各种不同的超越。作为自然界的一部分,人原来与动物一样,处于动物所处的状态中。人通过自身的意识和活动,超越了这种被动的生物状态,超越了生存的偶然性和被动性,才成为生活的创造者。人可以播种收获、生产产品、创造艺术、钻研科学。由此,人通过实践活动实现了人的目的和自由。

审美活动是在人的社会实践和认识活动逐步展开的基础上形成的,这是取得审美超越性的现实根源。因为在人类对自然界毫无认识的时候，人是自然界的奴隶，自然界的变化使人充满恐惧和不安。烈日如焚、暗夜如漆、电闪雷鸣和狂风暴雨使人感到疑惧，人们无法知道，是谁在主宰着自然界。只有当人在逐步改变自然从而认识了自然的时候，人才能开始欣赏自然的美。

审美状态是在摆脱了直接危及生存的困扰之后，取得的一种活动空间和精神自由。所以，它关注的不再是切身利害和物质欲望的满足，不是对象的存在本身。这便使它超越了功利的直接性，而具有与人类自我意识相通的价值感。它"不是把人的生活和与人的生活相关的种种事物仅仅当作满足功利需要的手段或对象来看待，而是当作人的自我实现、自我创造的活动和结果，当作人自己的'作品'，当作社会的人的自由的感性具体的实现来对待"[①]。这就使人获得了一种比个人单纯的功利满足更高、更有价值的境界，它使个人的发展与社会的发展趋向协调和一致。

审美具有直觉和感悟的性质，它超越于主客体统一的认识关系和逻辑的、理性的局限。在审美经验中，思想观念不是由逻辑思维获得的概念推理，而是体现于和渗透在形象之中的意义领悟和价值体验。"原始的直觉是直接性的东西，思是间接性的东西，思是对原始直觉的超越，而审美意识是更高一级的直接性，是对思的超越。"[②]思是属于认识范畴的，它是理性的产物，而审美却保持着感性直接性的特点，并带有强烈的情感色彩。然而，审美并不拒绝理性的内容，因为在人的审美直觉中已经融入了理解和理智。

① 刘纲纪：《艺术哲学》，湖北人民出版社 1986 年版，第 289 页。

② 张世英：《天人之际——中西哲学的困惑与选择》，人民出版社 1995 年版，第 203 页。

对于认识的超越,也是对时空有限性的一种超越。事物的存在都是处于特定时间和空间的条件之下的,这种时空联系的局限性也造成人的认识的局限性。审美之所以能突破时空的局限性,在于它摆脱了它的客观外在的尺度限制和事物常驻不变的特征,而以特异性的内心体验去重构一种新的时空境界,由此在物我同一中达到对于无限的体认。

作为一种人生境界,可以区分出道德的、宗教的和审美的三种。道德境界所追求的是一种无条件服从于群体利益和意志的状态。宗教境界所追求的是一种遁世态度。宗教的基础是人对神灵的绝对依赖感。而审美境界所追求的却是主客同一和物我两忘的境界,它是建立在人的受动性和能动性相统一的基础之上的。道德提供了一种外在的伦理制约和行为规范,审美所达到的和谐却是非伦理而又超道德的自由,这是一种"随心所欲,不逾矩"的精神境界。

早在18世纪席勒便已经指出,如果一个人"要从每一有限存在中找到通往无限存在的道路",他就必须"从某种精神自由,即按照美的规律完成他的自然使命"[①]。在这里,人的精神自由意味着对必然性的把握和超越。对于必然性的超越,体现了合规律性与合社会目的性的统一。也就是说,人能够将必然性的规律纳入人类社会发展的目的性的轨道之中,这便是美的规律。马克思也正是从这种意义上提出了"人也按照美的规律来塑造物体"[②],人可以把内在尺度与外在尺度结合起来,实现人的自由。

---

① [德]席勒著,徐恒醇译:《美育书简》,中国文联出版公司1984年版,第118—119页。

② 马克思著,刘丕坤译:《1844年经济学—哲学手稿》,人民出版社1979年版,第51页。

审美作为一种精神境界，反映了人类在主客体关系的发展中所达到的精神高度。它表明，人与自然和社会的关系已经从格格不入、彼此对立而达到相互和谐和统一。这种主客体的统一不是基于主体对于客体的征服，而是在主客体之间的对话和协调基础上取得的。我国自古以来所追求的这种天人合一的境界，既是人类精神发展水准的一种体现，也是与人类的实践——认识活动所达到的成果相互关联的。它并不排斥人对自然和社会的认识和改造，而是从人类发展的历史高度上自觉地意识到：无论人类进步到什么程度，它将始终处于整个自然界之内并且是自然界的一个有机组成部分。

审美理想

理想是人在现实生活的基础上对于未来的憧憬，是对于人生境界的一种追求。英国诗人雪莱说："人是一种志存高远的存在，他前见古人，后观来者，他的思想徜徉在永恒之中，与倏忽无常、瞬息即逝绝缘。在思维能力的本性中，我们隐隐绰绰地看到的仿佛是完整自我的一个缩影，它剥除了我们所蔑视、嫌厌的成分，而成为尽善尽美的人性的理想典范。它不仅是一帧外在肖像，更是构成我们天性的最精细微小的粒子组合。它是一面只映射出纯洁和明亮的形态的镜子；它是在其灵魂固有的乐园外勾画出一个为痛苦、悲哀和邪恶所无法逾越的圆圈的灵魂。这一精魂同渴求与之相像或对应的知觉相关联。"①这便是对人的理想的一种描述。

理想作为观念的产物，突破了人的经验现实，从而进入了一种超越

① 雪莱：《论爱》，见陈湘主编《人生金言随笔》，湖北人民出版社 1994 年版，第 327 页。

的精神境界,它为人提供了一种希望和追求。人们虽然不可能以有限的、经验性的活动去直接达到理想境界,却能通过无数的行动逐步地趋近。有人说,理想世界与人的现实活动就像两条渐近线一样,共同向前延伸,彼此不断接近,但又永远不能相交。这就使理想成为推动现实发展的力量源泉。

审美理想体现了人对美的追求的形象观念,它是具有导向性的审美蓝图。这种蓝图的形象虽然具有模糊性,但它体现着人们对于至善至美境界的观念和意向。它是在长期审美实践的陶冶中继承和创新的产物,带有不同时代、民族和个体的特征。同时,审美理想又具有鲜明的情感性。情感是人对客观事物与主观需要之间关系,即价值关系的反映。情感为审美理想的目标和自我实现提供推动力。

审美理想集中地体现出人的审美超越性。在审美理想中,融入了人生的价值追求、完美人格的向往和高尚情操的企盼,成为人的人生观和世界观的有机组成部分。同时,由于审美理想的鲜活的形象性和情感性,也为人的现实生活注入了激情和魅力。

2. 人的素质与人的发展

我国的社会主义现代化建设和改革开放,是在现实的历史条件下展开的。中华人民共和国成立以来,我们经历了曲折和痛苦的摸索,现在所开创的事业是前无古人的。因为不论是我国的传统文化还是现代的工业文明,都没有提供发展的现成模式。社会主义现代化,在文化层面上是要建设具有社会主义文明特征的现代文化体系。科学技术作为文化构成的基础性要素,它的水平从根本上规定了文化进化的水准。科学技术只有纳入人文文化的整体性系统中,才能更有成效地发挥作用。文化的主体是人,因此关键在人的素质和人的精神面貌。现在,我们的现代化建设已经转移到依靠科技进步和提高劳动者素质的轨道上来。提高人的素质,实质在于促进人的发展。

我国的传统文化,从审美理想的高度,曾经提出了自己的理想人格。它的君子风范、美好情操和人生境界曾经激发和感召过一代又一代的仁人志士,为中华民族的富强和中华文化的昌盛做出了贡献。但是,在面向世界和面向未来的现代化建设中,那种人格理想已显得远远不够。社会主义的时代精神和现代化发展需要新的理想人格和新的精神风貌。

人格与素质

人格是指人的某种相对稳定的、本质的心理特征,它代表一个人的基本精神面貌和行为方式,是各种心理特征在个人身上的综合表现。理想人格则是一个国家、民族或社会中人们最为推崇和向往的人格模式,它集中体现了该社会文化的基本特征和价值取向。理想人格所表现出来的审美特质和情感特征,使它成为人们审美理想和审美需要的重要组成部分。它的形象给人以巨大的感召力,成为一种无穷的榜样的力量。

当代精神文明的建设,首先是确立现代化进程中人格的价值取向。邓小平同志指出:“要建设社会主义的精神文明,最根本的是要使广大人民有共产主义的理想,有道德,有文化,守纪律。”[1]这里既包含了人

① 邓小平:《建设社会主义的物质文明和精神文明》,见《邓小平文选》第三卷,人民出版社 1993 年版,第 28 页。

格理想的内涵,也包含了对人的素质的要求。个性的全面发展是共产主义新人理想的重要内涵之一。马克思在预测未来理想社会个性特征时指出:这是"建立在个人全面发展和他们共同的社会生产能力成为他们的社会财富这一基础上的自由个性","要使这种个性成为可能,能力的发展就要达到一定的程度和全面性"[①]。

人的全面发展也是一种人格的理想,它包括三方面的内容:其一是人的个性即人的自我意识的发展;其二是作为目的本身的人类能力的发展,这通过每一个体能动的活动展现出来;其三是作为人的生存和发展的基础的社会关系的丰富和发展。这就是说,对于人的全面发展既要从人类整体的角度来看,也要从个体发展的角度来看。因为人都是生活在社会群体之中的,个人的发展不可能脱离社会的条件。任何个人的能力都是有限的,他的发展只能建立在社会的合理分工基础上。个人在智力和心理上存在差异,人的个性的发展是多种多样的,社会需要的人才也是多种多样的。

促进生产力的不断发展,是实现人的发展的前提,它为人的发展提供坚实的物质基础。只有生产力高度发达,人才会把劳动当作自我完善的手段,而不仅仅是谋生的需要。这就是说,生产力发达了,才能为社会提供丰富的产品,使人们拥有充裕的自由时间去发展自己的特长和兴趣,人才能在物质生活和精神生活中获得必要享受并从事新的创造。生产力的发展推动着人的交往关系的扩大,也丰富和发展了人的社会关系,使人的活动有更广阔的天地。

---

① 马克思、恩格斯著,中共中央马克思恩格斯列宁斯大林著作编译局译:《马克思恩格斯全集》第四十六卷上册,人民出版社 1979 年版,第 104、108 页。

人的素质是指人的内在特性，也就是人的身心教养所达到的质量水准。它是由体质、人格特质和智能要素相结合而构成的，成为每个人发挥自身才干的内在依据。素质是一个多层次的概念，它的构成要素可以从不同视角做出划分。从社会生活视角素质可以分为身体素质、思想素质、文化素质和技能素质，从人类学视角素质可以分为生理素质和心理素质等。

身体素质表现在人体发育的正常程度和体魄的强健与否，它与先天的遗传因素以及后天的营养、保健、卫生和体育锻炼都有关系。“生命在于运动”，推广全民健身运动，正是为了通过体育活动从身体形态和生理机能上使人们更加健康，使人的体力与智力得到和谐的发展。

思想素质首先表现在人的世界观、人生观以及道德修养等方面，它具有统帅和导向作用。思想素质构成人的教养的基础，良好的教养可以提高人的思想境界，从而有助于人们树立高尚的道德风范和自觉的纪律观念。

文化素质并不能单纯地用受教育程度或文化水平的高低来衡量，因为素质是对主体能动性的表征。文化素质是人的学识和潜能的综合，也反映出人对于当代社会文化进程的适应力。文化的开放性和兼容性是提高人的文化素质的重要前提，因为其既要融入本民族传统文化的积淀，又要接受不同民族优秀文化和当代科技进步的启迪。

技能素质对于实际操作性强的工作具有特别突出的作用。我国目前高级技师的匮乏严重影响了生产的质量和效率。技能素质与人的肢体反应能力、运动想象、表象记忆等都有密切的关系。

任何事业的成功，都离不开人的创造才能的发挥。创造才能并非人的先天禀赋。当然，天赋是人的一种生理素质，它为人的才能的形成和发展提供了一定物质基础。天赋显露出人在早期的、独立的、未经训练而可能发展成才能的一种潜力,在艺术或科学事业中表现得非常突出。例如,被称为神童的莫扎特,在三岁时就能分辨出不同的音高,表现出他对于音乐的独特感受力。人的生理素质的差别,除了在体质方面之外,便是大脑皮质不同层次和不同感觉区之间的功能差异。及时发现儿童生理素质的特长,是培养和挖掘人的潜能的重要一环。

创造的才能在社会实践中才会得到发展。人的心理素质对于才能的形成和发挥有决定作用。心理素质是指人所具有的心理特征,是一种人格力量。它是从事创造的精神推动力,在活动过程和行为态度上,表现为无限向往、潜心追求和勇于献身的状态。

总之,人的发展不仅要依靠一定的物质基础,而且更需要一个具有精神文化的社会环境。正如歌德所说:"如果一个有才能的人要想迅速地发展起来,就需要有一种昌盛的精神文明和健康的教养在他那个民族里得到普及。"[①]这就是说,个人的发展需要以民族整体素质的提高为依托,而每个人素质的培育又是提高综合国力和整个社会文明水平的根本。

理性与情感的合力

人格培养和素质提高关系到理性与情感的协调发展,这也是审美教育的独特功能之一。席勒在《美育书简》中,把人格看作人的心理特征中持久的东西,把人的状态看作人的具体规定性,即人的素质和情感表现。他说:"状态在人格的不变中变化,人格在状态的变化中不变。"

---

① 爱克曼辑录,朱光潜译:《歌德谈话录》,人民文学出版社1985年版,第141页。

人格的培育"这就在人身上产生了两种相反的要求,它们是感性本性和理性本性的两种基本法则。前者要求绝对的实在性,它应该把一切凡只是形式的东西转化成世界,使人的一切素质表现出来;后者要求有绝对的形式性,它要把凡只是世界的存在消除在人的自身之内,使人的一切变化处于和谐中"[①]。他把人格培养和人的素质的提高与人的现实感性活动和理性的反思结合在一起,把人的发展与理解和把握世界的能力联系了起来。

就人的教养问题,席勒进一步指出:"一方面使人的感受功能与世界有最多方面的接触,从而在情感方面使受动性得到充分发挥;另一方面使确定功能保持对感受能力的最大独立性,并在理性方面使能动性得到充分发展。只要这两种特性结合起来,人就会兼有最丰满的存在和最高度的独立与自由。"[②]席勒把审美自由看作是从感觉的受动状态到思维和意志的能动状态的中介和过渡环节,他认为人的受动性与能动性的统一,情感与理性的结合,是实现人的全面发展的具体途径。

传统心理学对于知、情、意的划分以及理性智能与非理性、非智力因素的划分,往往形成一种人为的抽象的对立,而实际上它们之间并不存在绝对的界限。情感和意志不仅作为一种心理趋向和心理状态出现,也构成人的气质、性格和人格的要素,也是一种能力和品格。人的认知活动不仅与认知水平和智力水平有关,也是智力因素与非智力因素协同作用的结果。

一般说来,非智力因素包括情感、意志、兴趣、动机、信念,非智力因

① [德]席勒著,徐恒醇译:《美育书简》,中国文联出版公司 1984 年版,第 71、74 页。
② [德]席勒著,徐恒醇译:《美育书简》,中国文联出版公司 1984 年版,第 80 页。

素并不直接参与认识的逻辑过程,但是它们却决定着整个心理状态,对认知活动起着调控、引导和强化的功能。认知活动源于某种动机和需要,活动主体会自觉或不自觉地受到心理需要的驱动,兴趣、好奇心、欲求是形成行为动机的心理条件,为认识活动提出了理性的明确目的。认知目的的实现是一个实践过程,要完成这一过程需要有相应的心理状态,它是维持活动正常进行的必要条件。它表现为情绪的稳定、意志的坚强。当遇到挫折和困难时,意志力的强弱、情绪的控制力对于能否克服困难和挫折而保持积极乐观的情绪有重要作用。认识活动和智力活动的有效进行,还有赖于高涨的工作热情和强烈的创造激情,以及充分的自信和勇于开拓的精神,这些都要依靠心理素质和人格的精神力量来强化和引导。

近代心理学曾经开展了对人的智力差异的研究,由此提出了智力测验和"智商"的概念,并把人的智力的发展看作是取得创造力和事业成功的关键。

英国学者高尔顿(F. Galton,1822—1911)很早就开始关注个人差异和智能问题,并曾用统计学方法对科学家和天才人物进行过家族史的调查。他过分强调了天才的遗传作用,并认为,那些具有学术成就的人,其特征在于特别敏锐的感觉能力上。高尔顿著有《人类才能及其发展的研究》一书。后来,法国心理学家艾·比内(A. Binet,1857—1911)对人的智力的研究则侧重于对人的语言和抽象能力的考察,他受教育部门的委托与塞·西蒙(S. Semon)一起设计了第一批智能的测试法,目的是为了选出智力迟钝的儿童,并把其他儿童安排到适当等级层次中去。对"智商"的测定往往是以学校教育为背景,以描述性回答为特征。当时对于智能因素的理解也存在两种不同的看法。一种看法认为，人存在一种普遍性的智能，可以由一种统一的测试衡量出来；另一种看法认为，人存在多种智能因素，如文字理解、语言流畅、数字流畅、空间想象、联想记忆、知觉速度和推理能力等。现在人们已经普遍确信，对于智力测验的期望和热情是过分了，它只具有极其有限的作用。

瑞士心理学家让·皮亚杰(Jean Piaget，1896—1980)早期在西蒙的实验室从事智力测验工作。但是后来他对儿童在智力测验答题中所发生的错误更感兴趣。他逐渐确信，重要的并不是儿童应对的准确性，而是他们所遵循的推理路线。只要注意到那种导致错误结论的假设与推理方式便可以了解这一点。如四岁儿童把锤子看得像钉子，而不像螺丝刀，这是因为锤子和钉子在他们的认知中是一同出现的。这种相似性观点反映了两种物体认知的共同发生的性质。而“智商”测定的方法缺乏过程的观点，没有涉及人如何解决难题，却只涉及一种正确的答案和结果。此外，智力测验是微观的，缺乏智力因素之间的联系，且与日常生活相去甚远。

与“智商”理论不同，皮亚杰提出了一套认识的发生理论。这种理论说明：心理的发展是一种同化和协调的统一过程，同化是将外部因素纳入主体的行为图式中，协调是改变主体的行为图式以适应外部环境。运演系统的形成是活动的内化和符号化过程，由此形成人的智慧。它经历了由感知、运动水平到形式逻辑运演的不同阶段。然而皮亚杰所研究的主要是逻辑数学能力，并且没有考虑到人的认识的形成具有社会历史性的特点。

20世纪50年代以来，兴起了认知心理学。认知心理学是以信息加工的观点来研究人的认知活动，从而阐明智力的本质和心理过程。它的研究范围主要包括感知觉、注意、表象、学习记忆、思维和言语等心理过程,以及儿童的认知发展和对智能的计算机模拟即人工智能。认知心理学的产生与控制论、信息论、计算机科学和语言学等现代科学的兴起有直接关系。只有在计算机科学的影响下,才能将人脑与计算机进行类比,从而引出信息加工的观点。随着自动化生产过程的发展,如何确保人—机系统工作的效率和可靠性,都要求用信息加工的观点考察人的心理功能。同时,社会对人的智力开发的需要,也是认知心理学得以发展的重要原因。它针对人的记忆功能提出了瞬时记忆、短时记忆和长时记忆的记忆信息三级加工模型,对于人的信息存贮机制做出了适当的说明。但认知心理学仍然是一种理性主义的心理学,对于全面认识人的智能仍有一定局限。

1985 年,加登纳(Howard Gardner)发表了《智能的结构》一书,该书从一种全面的观点对人的多种智能进行了考察。加登纳分别提出了语言智能、音乐智能、逻辑—数学智能、空间智能、身体动觉智能和人格智能。显而易见,这里既包括了有关科学技术的和理智性的能力,也包括了有关文学艺术的和人格气质的能力。加登纳认为:"一个人的智能必定会带来一套解决难题的技巧,它使个体能解决自己所遇到的真正难题或困难,如果必要的话,还使个体能创造出一种有效应的产品;智能又必定会产生那种找出或制造出难题的潜力,因而便为新知识的获得打下基础。"①

加登纳认为,诗是语言智能的范例。他援引斯宾德尔(S. Spender)的创作经验说明,诗人是如何保持着对语义细微差别的敏感,经过字斟句酌把一种意象放入恰当延伸的语境中,在二十种不同的语言组合的

① [美]H. 加登纳著,兰金仁译:《智能的结构》,光明日报出版社 1990 年版,第 69 页。

选择中写出了如下诗句：

愉快的海，有时像
无人弹奏的竖琴，它平躺在大地之下。
黄昏把所有无声的火线
在眼下点染成燃烧的乐章。

人的语言功能的定位在人的左脑，稍有一点失语症现象便会破坏一个人的文学才能。

音乐智能是人的所有天赋中出现最早的。音乐的主要构成因素包括音高、节奏、音色，它取决于人的听觉感觉。几个世纪以来人们都试图把音乐与数学联系起来，强调音乐的数理结构特征，但谁也不能否认音乐的情绪内容。人类大脑中主管音乐与语言过程的机制是完全不同的。音乐智能主要依赖大脑右半球，而音乐的训练却会增长左半球的效应。一个人即使表现出音乐的才能，但不一定会取得音乐的成就。人的动机、个性和气质成为决定性的因素。音乐演奏家不仅需要技术的娴熟，还必须能阐释乐曲、了解作曲家的动机，生动地表现出自己的释义。

人格智能包括指向自身内部的自省能力和指向外部的人际能力。前者是自身感受生活的能力，即情绪和情感范畴，它涉及人的自我感觉和自我意识；后者是发现其他个体间的差异并做出区分的能力，从而使人们能够协调人际关系。总之，人格智能也是一种信息加工的能力。任何一个个体都需要在这两方面得到发展，一方面是对别人的关注和对社会角色的把握；另一方面是对自我的关注和对自身人格生活的把握。

在考察人的各种智能时,加登纳特别强调指出,当代改变我们世界观的潜在力量是科学,现代思想与那些传统的、前文化的或原始的思想的差别,首先体现在科学思维方面。这也说明,自然科学、人文社会科学的发展,对于人的发展具有导向的作用。

理性智能与情感的关系,也许更形象地表现在“智商”与“情商”的对比关系中。美国《纽约时报》科学专栏作家丹尼尔·戈尔曼(Daniel Golman)所著《情绪智力》一书,曾经成为美国社会广为流传和谈论的一个话题。对“情商”(The emotion quotient)这一概念虽然存在某些分歧和争议,但它作为人的情绪调节和控制能力,是一个比智商测定更有实际意义的因素。人取得事业的成功,除了有社会背景、机遇和人的健康状况等影响因素之外,情商甚至比智商具有更大的作用。

对于人格和素质的考察,已经成为现代企业十分看重的用人标准。德国一位企业人事咨询顾问指出:“考察求职者的个性素质是否适合本企业的职位,已成为目前半数以上大企业择人的标准。”德国大众汽车股份公司认为合作使人成熟、随和,因而垂青具有合作能力的人。此外德国大众汽车股份公司还要求企业管理人员处理事务深谋远虑,用发展的眼光看问题。那些能融洽处理各种人际关系、不以自我为中心的人才,是公司重点考察的对象。德国德累斯顿银行股份公司更侧重于公司职员的社会责任感,希望职员正直可靠、精通本行但不贪婪成性。

总之,人的精神活动是理性与情感的统一,它们共同形成人的行为的导向和动力。

对艺术的美学鉴赏和对科学观念的理解都需要智慧，随后的感受升华与情感又是分不开的。没有情感的因素和促进，我们的智慧能够开创新的道路吗？而没有智慧的情感能够达到完美的意境吗？所以，科学和艺术是不可分的，两者都在寻求真理的普遍性。……事实上如一个硬币的两面，科学和艺术源于人类活动最高尚的部分，都追求着深刻性、普遍性、永恒和富有意义。

——李政道《科学与艺术》

五、科学和艺术的联姻

科学和艺术是人类精神创造之树的伟大成果，它们都生长在社会生活的土壤中，都从哲学和文化思想中获得营养、摄取阳光。科学发达的地方，艺术上也往往人才辈出，形成二者之间的荣枯相依、兴衰与共。在近代科学萌芽之际，曾经出现过一身兼两任的艺术家和科学家达·芬奇。恩格斯称他“不仅是大画家，而且也是大数学家、力学家和工程师,他在物理学的各种不同部门中都有重要的发现”[①]。随着现代科学的不断深入发展,学科分化和社会分工越来越精细。那么,今天科学家和艺术家之间还能同时兼任吗?

当然,科学和艺术的相互作用和交融不仅表现在人的文化素质和智能的培育上,也表现在整个社会文化形态的发展上。从现代艺术形态中,我们可以看到科学和艺术的相互作用和交融。它表现在科学意识、科学原理和科技手段与艺术创造的结合。科学意识使人们关注科学发展对于社会和人的精神世界的影响,从而使科学题材进入艺术创作;科学原理不断影响艺术语言和创作风格的形成,科技手段开拓了新的艺术门类,也使艺术的传播走向大众。

1. 科学家与艺术家

科学家和艺术家是从事科学活动和艺术创作的主体,他们之间的沟通和活动的兼容是促进科学和艺术联姻的一个重要方面。我们可以从他们的职业特点和心理素质上看到他们的某些异同,从而为促进他们的沟通和某些活动的兼容提供认识上的根据。

职业特征的区别

科学家是指专门从事科学研究并取得一定成就的专业工作者。尽管他们的工作有不同的侧重(如有的以实验研究为重点,有的以基础或理论研究为重点,有的以应用研究为重点),但都是从事对于自然、社会

---

① 恩格斯:《自然辩证法》,见马克思、恩格斯著,中共中央马克思恩格斯列宁斯大林著作编译局译《马克思恩格斯选集》第三卷,人民出版社 1972 年版,第 445 页。

规律的探索和应用的工作。科学家参与科学实践,并在其中达到对于科学对象的认识。所以,科学家首先是科学认识的主体,通过自身的创造性劳动取得科学的成果。要认识科学对象,就必须具有一定的科学认识能力,科学家正是这种科学认识能力的活的载体。这种能力的取得是长期培养和锻炼的结果。

科学认识能力是以逻辑思维能力为核心,以观察力、判断力、想象力为基础的。爱因斯坦说,牛顿所发现的道路,在他那个时代,"是一位具有最高思维能力和创造力的人所能发现的唯一的道路"①。敏锐的观察力、丰富的想象力、精确的判断力构成创造性思维能力的基础。敏锐的观察力以高度集中的注意力为前提,这是科学发现的开端。科学观察要排除个体主观因素的影响,以探究的态度寻找事物可能存在的每个特点和异乎寻常的征兆,从而发现各种事物之间以及事物与已有知识之间的关联。不仅要注意那些预期的现象,而且要注意到意外发现。想象力以良好的记忆力为基础,成为科学创造的开端和科学理论的设计师。想象力可以把科学观念具体化,在头脑中构成形象,以理想实验的形式推出各种设想和猜测,然后做出精确的判断和严密的论证。

科学教育把科学人才的成长看作是一个受年龄、个性特征、科学知识结构、认识能力以及教育和社会因素相互作用的过程。科学家掌握的科学知识结构是取得科学成就的重要因素。科学知识结构是指一定的科学知识系统和各种科学知识之间的联系。不同的科学家会有不同的科学知识结构。当代科学的高度分化和高度综合的发展趋势,要求

① [德]爱因斯坦著,许良英、范岱年编译:《爱因斯坦文集》第一卷,商务印书馆 1976 年版,第 15 页。

科学家的知识结构向综合化方向发展。因为自然和社会都是一个统一的整体,是一个多层次、多结构、多序列的网络系统。决定科学发展的是综合,没有综合就没有科学的发展;而知识的单一化,会使科学研究走入歧途。

科学认识活动是认识主体、认识对象和作为认识工具的科学手段三者相互作用的过程。其中,作为主体的科学家在认识活动中具有能动的决定作用。认识工具有软件和硬件之分,软件指方法,硬件则是指主体认识能力的物化成果,是从生产工具分化出来的。它不仅是人的劳动器官和运动器官的延伸和强化,也是人的感觉器官和思维器官的延伸和强化。没有望远镜无法观察天空星体的变化,没有电子计算机无法完成繁复的运算。科学仪器的功能是由科学家实现的,它只有与科学家的思维方式、研究技能相结合,才能发挥实际效用。

科学家在科学认识过程中起着主导作用,是最积极、最活跃的因素。科学活动是从发现问题和提出问题开始的,这意味着向人类未知领域的探索。没有渊博的知识、深厚的理论素养和深邃的洞察力是很难发现问题和提出问题的。人们常说,提出问题等于解决了问题的一半,可见善于提出问题的重要性。提出问题既要把握住问题的核心,又要考虑到解决问题的可能性。解决问题便是科学探索和创立新理论的过程,包括观察、实验、设想、推论和表达等内容。

随着社会生产的发展,人们对自然界和社会的认识不断深化,科学探索的领域不断向纵深和广阔的领域拓展。在宏观、微观和宇观上,都有不同层次和不同视角的深化。科学在高度分化的基础上,逐步向高度综合的方向发展。因此,许多领域已经不能以个体形式进行研究,而要在一个研究集体中协同配合、分工合作。科学新概念的产生,往往首先在个别科学家意识中形成,成为产生新理论的基础。重大的科学发现,始终只能出现在个别科学家的独立思考过程中,因此科学成果带有个人智慧和性格的深刻烙印。

艺术家所追求的,不是对于自然界和人类社会的理性认识,而是有关人生的情感体验和意义领悟,是将人类的内心体验以审美的形式加以符号化和客观化,为人们创造一个艺术的天地和感性直观的精神家园。“体验就是主体(人)带有强烈情感色彩的、活生生的、对于生命之价值与意义的感性把握。很显然,这种意义上的体验触及了艺术的本质。”[①]艺术作为人的审美反映的一种形式,既包含对客观世界的再现,也包含对于人的主观情感的表现。因为任何表现都必须以对社会生活内容的再现为背景,在流动的生活场景中呈现出人的内心世界。

艺术家从事艺术创作的前提,是他必须摆脱外界对他自身的各种物质的和功利的诱惑,使他能从审美自由的高度去观照世界和人生,从而把艺术创造作为实现人的精神价值的途径,使创作活动“只能从精神的必然性而不能从物质的欲求领受指示”[②]。这是创作出具有高度审美品位的艺术作品的一种精神前提。我们可以从社会上那些媚俗的和低级趣味的艺术作品中看出,由于一些艺术工作者把创作作为沽名钓誉、谋取私利和哗众取宠的手段,尽管在创作中使用各种艺术技巧,但创作出的作品却缺乏精神价值。

艺术创作需要生活积累。艺术家要想深入生活和熟悉社会,就需要参与一定的社会实践活动,在与不同人的交往中,在了解和熟悉人的

① 童庆炳主编:《现代心理美学》,中国社会科学出版社 1993 年版,第 52 页。
② [德]席勒著,徐恒醇译:《美育书简》,中国文联出版公司 1984 年版,第 37 页。

过程中,实现与人们的思想情感的交流,从而丰富自己对于社会和人生的体验。当然这种人生经验的积累,绝不限于个人的直接经验,并不要求艺术家直接参与各种社会实践,而更多地是以间接的方式把个人经验同人类经验的丰富性联系起来。艺术家通过观察、交往和生活实践,使社会生活现象以主观经验的形态成为自身的生活积累,成为艺术创作的素材。

对于生活的观察和艺术素材的积累,要依靠艺术家的审美感受性和统摄力,要在形象的直接感受中,取得对于对象的理解和把握。这种观察力的敏锐性在于发现不同人物的心理特征和事物形态的文化蕴涵。审美统摄力体现了艺术家的整体心理功能的整合作用,它把事物外在形象的形式感受和内在精神的文化内涵统一起来,使感性体验与理智洞察和领悟相结合。

创作过程的核心是艺术的构思和传达,这是两个相互关联、相互作用的过程。艺术构思是形成艺术情感和意象的过程,包括从题材的选择、意蕴的开掘、形象的孕育、情节的提炼到作品结构的安排;艺术传达则是审美意象的符号化和客观化。在这里,艺术技巧不仅是形象塑造和艺术传达的手段,而且渗透到整个艺术构思过程中,起着拓宽艺术思维空间、开掘艺术题材的作用。艺术作品是内容与形式的有机统一体,不能认为艺术创作是先确立内容,然后再赋以一定形式的过程。因为作品内容总是以特定艺术形式表现出来的内容,而艺术形式又是构成特定艺术内容的形式。艺术家对于题材的处理,是以形式来熔铸,使题材消融于作品内容与形式的统一中。不同的艺术家具有不同的创作个性,由此形成艺术作品的不同风格。

心理素质的异同

科学家和艺术家,对于自己从事的科学或艺术活动应该具有浓厚的兴趣。兴趣是一种发自内心的爱好,它是从事该项事业的前提。对于科学家来说,这种兴趣首先来自对于自然或社会永不满足的好奇心,从而激发出积极探索的热情和对科学事业的热爱。也就是说:“从事研究的人必须对科学真有兴趣,科学必须成为他生活的一部分,被他视为乐趣和爱好。”[①]对于艺术家来说,这种创作兴趣表现为强烈的艺术冲动和创作欲望,他要把独特的生活体验和发现通过特定的艺术媒介表达出来。

兴趣作为一种行为动力和心理素质,具有三种规定性:其一是兴趣的广泛性,其二是兴趣的中心性,其三是兴趣的稳定性。贝弗里奇说:“有重要的独创性贡献的科学家,常常是兴趣广泛的人,或是研究过他们专修学科之外科目的人。”[②]兴趣的广泛使科学家可以发现原来以为彼此没有联系的事物之间新的关系。同样,艺术家如果没有广泛的兴趣、没有多方面的观察和大量不同的生活积累,就不可能使他的艺术创作有丰厚的文化底蕴。兴趣的中心性是在广泛兴趣的基础上把精力集中于一定的中心。不论科学研究或艺术创作都要专心致志,这样才能使科学家或艺术家在某一方面发挥出自己的独特才能。这种具有固定指向性的兴趣,是人的志向的一种表现,能够成为自身的一种人格力

① [英]W. I. B. 贝弗里奇著,陈捷译:《科学研究的艺术》,科学出版社 1979 年版,第 156 页。

② [英]W. I. B. 贝弗里奇著,陈捷译:《科学研究的艺术》,科学出版社 1979 年版,第 58 页。

量。兴趣的稳定性体现在志趣与人生理想的结合上,这样人才能长期不懈地坚持努力,在兴趣的推动下发展自己的才能,并取得相应的成就。这种稳定性与人际交流和相互激励有一定关联,“一个人如果被隔绝于世,接触不到与他有同样兴趣的人,那末,他自己是很难有足够的精力和兴趣来长期从事一项研究的。”[①]这不仅适应于科学家,也适应于艺术家。

情感是人对客观事物的态度的内心体验。不论是从事科学研究还是艺术创作,都离不开主体的一定情感,但是它们在科学认识和艺术创作中的作用方式却是不同的。人的情感状态分激情、心境和热情三种。

激情是由社会或个人生活中具有重要意义的事件所引发的一种强烈而短暂的情绪冲动。它往往是在强烈刺激和突如其来的变化之后产生,或是由于情感的积累强化而爆发。著名科学史专家萨顿说:“无论科学活动的成果会是多么抽象,它本质上是人的活动,是人的满怀激情的活动。”[②]即使在不利条件和巨大打击下,对科学的激情也可以把消极的情绪转化为积极的情绪。如居里夫人(M. S. Curie,1867—1934)面对丈夫在交通事故中身亡的沉重打击,虽然悲痛万分,但很快能战胜内心的痛苦,继续攀登科学的高峰,这只有在激情力量的推动下才能做到。在艺术创作中,当灵感来临,艺术家因情绪冲动而陷入如醉如痴、不能自已的癫狂状态,便是一种艺术激情的作用。在这种状态下,艺术家便会失去意识的自控能力,陷入非自觉的创作过程。正如郭沫若

① [英]W. I. B. 贝弗里奇著,陈捷译:《科学研究的艺术》,科学出版社 1979 年版,第 161 页。

② [美]乔治·萨顿著,陈恒六等译:《科学史和新人文主义》,华夏出版社 1989 年版,第 38 页。

(1892—1978)创作《凤凰涅槃》,当诗意袭来时,“伏在枕上用着铅笔只是火速地写,全身都有点作寒作冷,连牙关都在打战。就那样把那首奇怪的诗也写了出来”[①]。艺术家的激情会直接融入艺术作品中,使作品充满灵性和情感波澜。

心境则是一种稳定而持续的情感状态。在科学研究中,积极的、愉悦的心境使人兴致勃勃、感情饱满、思维敏捷,能够保持良好的工作效率。人的理想、人生观和世界观对心境有决定性影响,和谐的社会和工作环境也有助于良好心境的形成。在艺术创作中,艺术家经历了创作冲动以后,进入一种澄静的艺术沉思的创作心境之中。这时,艺术家把在日常生活中积累的自然情感的储备,作为自我观照和自我体验的对象,通过艺术沉思而转化为艺术情感。在这种观照中,由于艺术家的意识超越并驾驭了这种情感,从而能够赋予这些情感以审美的特性。这是艺术创作的重要一环。在创作心境中,艺术家也会随着作品主人公的经历和情节变化而处于喜怒哀乐之中,创作心境可以使艺术家的创作活动得以顺利进行下去,并将艺术情感注入作品之中使之客观化。

热情是一种控制人的整个身心、决定人的思想行为方向的稳定而有力的情感。热情比激情要持久,比心境状态要强烈。对事业的热爱,对创造的迷恋,是科学家和艺术家取得成就的一个基本心理条件。古今中外一切有成就的科学家,对于科学都怀有巨大的热情。巴甫洛夫在临终前写道:“科学是要求人们为它贡献毕生的。就是有两次生命也

① 郭沫若:《我的作诗经过》,见郭沫若《郭沫若论创作》,上海文艺出版社 1983 年版,第 205 页。

不够用。在你的工作和探索中一定要有巨大的热情。”[①]在艺术创作中,工作热情不仅表现在创作冲动上,而且表现在自我期待、自我评价的情感追求上。这种自我期待是对成功的渴望和失败的忧虑。美国作家海明威(E. M. Hemingway,1899—1961)青年时代发表的长篇小说《太阳照常升起》(1926年)获得了成功。他非常满意,但同时也产生了以后会失败的忧虑。然而这种感情并没有压垮他,而是成为一股强大的动力,促使他继续努力。后来,海明威的短篇小说《老人与海》经过反复修改,最终获得了诺贝尔文学奖。

坚毅和勇敢的精神是意志力的表现。人的意志是自觉地确定目标,支配和调节自己的行动,克服各种困难以达到目标的心理品质。人的意志素质可以表现在他的勇敢和果断、坚忍不拔以及自制力强等方面。自制力可以使人在困难和挫折面前不致情绪消沉,在胜利面前不会被冲昏头脑,从而调动一切积极的心理因素投入创造性的工作。“几乎所有有成就的科学家都具有一种百折不回的精神。因为大凡有价值的成就,在面临反复挫折的时候,都需要毅力和勇气。”[②]同样在艺术家的身上也需要无所畏惧的勇敢精神,这是发展创造力的强大的人格力量。歌德说:“在每一个艺术家身上都有一颗勇敢的种子。没有它,就不能设想会有才能。”[③]艺术作为一种独创性活动,既不能畏惧自己的内心世界,也不能屈从于传统力量,而要勇于开拓和进取。

---

① [英]W. I. B. 贝弗里奇著,陈捷译:《科学研究的艺术》,科学出版社1979年版,第160页。

② [英]W. I. B. 贝弗里奇著,陈捷译:《科学研究的艺术》,科学出版社1979年版,第144页。

③ [德]歌德著,程代熙、张惠民译:《歌德的格言与感想集》,中国社会科学出版社1982年版,第93页。

活动的兼容性与沟通

从事科学活动和艺术创作，在一个人的身上是否可以兼容？它们究竟是起着相辅相成的作用，还是相互冲突、抑或不可兼得、此消彼长的作用？这是谈到科学与艺术联姻时会涉及的问题。由此才能进一步了解实现科学和艺术结合的现实途径和方法。

提到兼容性的可能，人们马上会想到列奥纳多·达·芬奇，他兼具艺术家和科学家素质，并且在这两个方面都取得了杰出成就。我们就从对他的考察开始。1452 年 4 月，达·芬奇诞生于佛罗伦萨市芬奇镇的安基亚诺村，达·芬奇的父亲塞尔·比埃罗(Ser Piero da Vinci)是位家境富裕的公证人，母亲卡德琳娜(Caterina)是安基亚诺村酒店的侍女，达·芬奇是他们的私生子。达·芬奇出生之后，他的母亲就被抛弃了。达·芬奇是在父亲的庄园里受祖父和继母的教育长大的。达·芬奇自幼勤奋好学，兴趣广泛，善于思考，爱好绘画，被乡亲邻里叫作“小画家”。1469 年，父亲把他送到著名艺术家委罗基奥(Verrocchio)的画室当学徒，从此，达·芬奇便开始系统地学习绘画和雕塑。

委罗基奥不仅是多才多艺、学识渊博的人文主义艺术家，而且是经验丰富的教师。达·芬奇在他的教导下勤奋学习，进步很快，几年后在绘画技能上已超过了老师。达·芬奇从委罗基奥那里获得的科学知识要多于艺术知识，并且，在科学的利用和创新方面，他也远远超过了委罗基奥。

在达·芬奇的大部分绘画作品中，最为人称道的莫过于《最后的晚餐》和《蒙娜丽莎》了。《最后的晚餐》是达·芬奇在 1494 年至 1498 年为米兰市圣玛利亚修道院所画的壁画，描述了耶稣被犹大出卖前与十二个门徒聚餐的情景。绘画的构图突出了故事的戏剧性,把不同人物的心态表现得栩栩如生。为了突出画面的中心人物,达·芬奇使一切透视线都集中在耶稣的头上,门徒们分别坐落在耶稣两旁,相互呼应,指向中心。由此使画面活跃,既富有多样变化又非常统一。这一构图成为历代美术教学中经常援引的典范。《最后的晚餐》这幅画也表现了作者对善良、正义和美德的歌颂以及对邪恶叛逆的憎恶。

《蒙娜丽莎》是达·芬奇于1503年至1506年完成的一幅肖像画,长77厘米,宽53厘米,现存卢浮宫。蒙娜丽莎(Monalisa)是佛罗伦萨银行家的妻子。画面中呈现了她眉头舒展、嘴角微皱,掠过一丝刚可觉察的微笑。画的背景运用空气透视,使人物由背景中凸显出来。从人物面部表情的丰满和手部的细致可以看出,达·芬奇对解剖学的研究和素描的功力。这幅画表达了文艺复兴时期市民阶级取得人的解放和追求幸福欢乐的意向。这是告别中世纪、迎接新时代的一个象征,画中主人公以那谜一般的微笑预示了一个伟大历史的转折。

达·芬奇首先把科学知识用于绘画创作方面,他除了完成大量解剖学实验和素描之外,还提出了有关远近光影明暗和构图的理论。解剖学是他终其一生所研究的学科,取得了突出的成就。他绘制的大量人体解剖图,其写实和精确远远超过同时代的艺术家和医学家。这些解剖图不只具有解剖学的意义,而且还是能反映人体组织规律的高度概括的艺术品。达·芬奇第一个全面摹画了人体全部肌肉组织。在解剖图旁,达·芬奇不仅说明人体组织及其机能,并对生命过程做出力学的解释,成为生理学的力学派先驱。

在数学方面,达·芬奇发明了函数尺、抛物线和椭圆形的制图工具;发明了立体几何中关于正六面体、球体和圆柱面积之间关系方面的规律;第一个提出了正确计算椭圆面积的方法;对求半圆和四面体的重心的算题提出了许多独特的解法。

在物理学方面,达·芬奇在伽利略之前第一个知道并解释了落体加速度问题;在牛顿之前提出了重力法则;重新发现了阿基米德的液体压力的概念,证明在连通器中,同一液体的液面高度是相同的,不同的液体在连通器中液面的高度则不同,其高度与液体的密度成反比。达·芬奇研究过液体的运动和波浪在表面上的传播,从而扩展到对空气里的波及声波定律的研究。

此外,达·芬奇在天文学、地理学、地质学、植物学、建筑工程、水利技术、机械学、军事科学、冶金学等方面都有突出贡献,并对飞行器和降落伞做了研究。

在考察科学活动对于达·芬奇绘画风格的影响时,首先值得提出的是他的素描。这些素描,表现了达·芬奇敏锐的观察力和对事物认识的反应。离开他的这种感受力,便不能认识他的精湛表现力的由来。达·芬奇正是通过这种客观的观察和主观的反思才能够把握不同的心理状态。有些作品通过人物身体的某种动作来表现精神的集中。在动作中,动物或人的身体结构几乎紧张到了极限。画面通过每一部分的肌肉结构的完美表现有意识地传达出一种势不可挡的感觉。

达·芬奇首先表现出的才能是在绘画方面。他受文艺复兴时代气氛和他的老师对科学技术的兴趣的影响,开始探索并研究自然。“列奥纳多对自然的研究可能开始于为他的艺术服务;为了确保掌握对自然的模仿,并向别人指出这条道路,他直接努力于光的性质和法则、色彩、阴影和透视画法的研究。可能当时他已经过高估计了这些知识门类对艺术家的价值。不断追随着他的绘画需要的指引,他不得不研究画家的创作主题,动物和植物,人体的比例,以及通过它们的外部取得内部结构和生命机能的知识,这些确实在它们的外表上得到了表现,并且它们需要被描绘在艺术中。终于,变得势不可挡的本能把他带走了,直到它(研究本能)与他的艺术要求的联系被切断”,“后来,当他试图从调查研究返回他的起点:艺术训练,他发现他被兴趣的新方向和心理活动已改变了的性质所干扰”①。

这就是说,达·芬奇由于天资聪敏、勤奋好学,他的兴趣的广泛性使他涉猎了艺术和科学技术的诸多门类,并且都取得了突出的成就。但是,就他的兴趣的中心性而言,却经历了由艺术向科学技术的转变。以至于到晚年,达·芬奇完全沉浸在科学技术的探索中,放弃了绘画创作。

在当代的艺术家或科学家中也可以找到类似的例证。欧文·拉兹洛曾经是一位世界驰名的钢琴演奏家,也是当代著名的哲学家和系统科学专家。他于 1932 年生于匈牙利布达佩斯,母亲是技艺高超的钢琴教师,从小对他精心培养。拉兹洛五岁开始接受严格的钢琴训练,九岁登台担任布达佩斯乐团的钢琴独奏,十五岁在日内瓦举行的国际钢琴比赛中荣获第二名,其后到世界各国进行巡回演出,同年年底移居美国。在这之后的三年中,拉兹洛一直活跃在美国最著名的音乐艺术家圈子里,经常举行独奏音乐会。他二十岁之后,开始对哲学产生浓厚的兴趣,先后参加了许多数学和自然科学讲习班学习。三十岁时,拉兹洛出版了第一本建立在现代科学观念基础上的综合哲学的著作《必要的

① [奥地利]西格蒙德·弗洛伊德:《列奥纳多·达·芬奇和他童年的一个记忆》,见[奥地利]西格蒙德·弗洛伊德著,张唤民、陈伟奇译《弗洛伊德论美文选》,知识出版社 1987 年版,第 52—53 页。

社会:一种本体论的重建》。他先后在欧洲和美国从事研究工作,与一般系统论的创始人贝塔朗非合作进行探讨,并分工负责完成了《系统哲学引论》(1972 年)。在系统哲学的社会应用方面,他参与主持罗马俱乐部《人类的目标》研究报告,并担任过联合国国际社会和经济合作研究计划的负责人。①

以上两个例证都说明,一个人同时从事科学研究和艺术创作并非科学和艺术结合的最佳方式和现实途径。因为一个人的精力毕竟是有限的,兴趣中心的分散必然造成此消彼长的结果。在各国杰出科学家中,不乏艺术爱好者和具有相当艺术造诣的人。众所周知,爱因斯坦、牛顿都是小提琴手;普朗克、海森堡善于演奏钢琴;海克尔喜爱绘画,甚至想当一名职业画家;我国数学家苏步青、华罗庚都有诗的造诣等。艺术对于他们心理素质的培育和想象力的发挥起着重大作用,但他们的兴趣中心和从事的专业工作仍然只在科学上。

因此,科学和艺术的结合更多地表现在科学家与艺术家的交流和沟通上。1979 年 5 月在联邦德国克龙贝格市,一批国际著名科学家、哲学家和艺术家齐聚一堂,就“科学和艺术中的结构”进行了专题研讨。这是科学家与艺术家之间的一次交流,哲学和美学的介入对于科学和艺术的沟通起了中介的作用。与会者有著名英国哲学家卡尔·波普尔、艺术史家兼美学家贡布里奇,还有一批获得过诺贝尔奖的科学家以及建筑学家、音乐家、文学家等。会议分别就“思维与大脑”“生物学中的有序性”“艺术中的形式”“物理学和数学中的结构”等进行了专题报

① 参见[美]E. 拉兹洛著,闵家胤等译《系统哲学讲演集》,中国社会科学出版社 1991 年版,第 289—295 页。

告和大会讨论。[①] 这对于促进科学与艺术的交流和理解起了相互触发的作用。著名物理学家李政道博士回国倡导科学家与艺术家的交流以及科学与艺术的结合,也产生了巨大的反响。显而易见,科技美学正处在促进科学和艺术结合的关节点上。

2. 科学在现代艺术中的融入

在现代艺术形象中,科学的融入表现在科学题材的兴起、科学原理的渗透和科技手段的运用等方面,它们是科学和艺术相结合的成果。

科学幻想小说是以未来社会生活中科学发展的设想作为题材的艺术创作,它的产生根源可以追溯到历代幻想小说上。古代人们曾经借助想象来征服自然力,《西游记》《封神演义》《一千零一夜》以及英国作家斯威夫特(J. Swift,1667—1745)的《格列佛游记》(1726 年)等,曾经以其瑰丽和神奇的想象力吸引着一代又一代的读者。想象力是科学创造的动力,科学幻想以现有科学知识为依据,为人们的向往插上腾飞的翅膀。

艺术中科学题材的兴起并不限于科幻文学,在绘画、雕塑等造型艺术中也出现了大量以科学家、科学事件甚至科学原理为题材的创作。杨振宁博士在他的《基本粒子发现简史》中,引用了埃舍尔(M. C. Escher)的绘画《骑士图》。这幅画以优美的形象及其镜像图形巧妙地表现出对称性原理,而这一原理正是现代物理学中具有重大意义的现象。埃舍尔以绘画形式表现了许多科学原理的题材,如视错觉、悖论、对称

① 参见童世骏、陈克艰编译《科学和艺术中的结构》,华东师范大学出版社 1989 年版,编译者的话。

性、同构以及双重的含义。[①] 以科学为题材的艺术创作并非科学的图解，它仍然保持了以人的审美感受为中心的人性化特征。

科学原理对于绘画的影响，早在文艺复兴时期已露端倪。建筑艺术家布鲁勒列斯科发明了透视法，使人们对于空间的表现富有了真实感。形体透视是根据光学和数学原理，在平面上用线条来表现物体的空间位置、轮廓和明暗投影的科学。空气透视则是表现空间距离对物体色彩和明晰度所起的作用。达·芬奇对于透视理论做了系统的整理，并把透视、解剖和明暗等科学原理应用于绘画，把绘画知识上升到科学层次。达·芬奇说："绘画科学包含什么内容？——绘画科学研究物象的一切色彩，研究面所规定的物体的形状以及它们的远近，包括随距离之增加而导致的物体的模糊程度。这门科学是透视学（即视线科学）之母。"[②]

科学原理的发展不仅影响到绘画的构图，而且推动了新的绘画语言的产生，由此导致艺术形态的变革。19 世纪光学的发展促进了生理学和心理学的研究，科学地揭示出光与色彩的关系，它强化了印象主义画家们追求外光效应的信念，使印象主义绘画成为新的科学观念的审美对应物。这种极端表现，促成从对于视觉真实的追求跨向心灵真实的追求，由此开创了以塞尚（P. Cezanne，1839—1906）为标志的现代绘画。

在现代艺术中，影视艺术占有突出的地位，并且成为当代大众文化的重要媒介。影视艺术是以现代科技手段为基础的综合艺术，它以文

---

① 参见[美]道·霍夫斯塔特原著、乐秀成编译《GEB——一条永恒的金带》，四川人民出版社 1984 年版，第 3 页。

② 汪流等编：《艺术特征论》，文化艺术出版社 1984 年版，第 31 页。

学剧本为脚本,以表演艺术为中心,以摄影为创作手段和传播媒介。正是科技手段造成了运动的幻觉,使电影艺术引人入胜。它以富有现实感的影像超越时空的界限,为人们展示出丰富多彩的动态生活画卷。科技手段不仅提供了影视摄制能力,而且创造出各种人工的影视形象,从史前时代的恐龙到未来的机器人,从山崩地裂的自然景象到浩茫的宇宙星空。

下面将从科幻小说、绘画艺术和电影艺术的例举中看到科学和艺术相互融合的不同侧面。

科学题材与科幻小说

20 世纪我国现代文学的起点,是与科学题材的引入和科幻小说的译介相平行的。我国现代文学的先驱者鲁迅、茅盾(1896—1981)等人都曾大力倡导科幻小说并身体力行亲自投入译介工作。

鲁迅先生在日本东京弘文学院留学时,曾经翻译了凡尔纳(J. Verne,1828—1905)的科幻小说《从地球到月球》,这便是 1903 年出版的《月界旅行》。鲁迅在《月界旅行·辨言》中指出:“我国说部,若言情谈故刺时志怪者,架栋汗牛,而独于科学小说,乃如麟角。”在帝国主义列强入侵、殖民主义文化和庸俗小说泛滥之时,唯科幻小说别开生面,“默揣世界将来之进步,独抒奇想,托之说部。经以科学,纬以人情”。他把科幻小说作为宣传科学和文明的手段,呼吁“欲弥今日译界之缺点,导中国人群以进行,必自科学小说始”①。

① 《鲁迅文集全编》编委会编:《鲁迅文集全编》,国际文化出版公司 1995 年版,第 1625 页。

茅盾先生回顾自己文学道路的起点时说:“我在涵芬楼图书馆的英美旧杂志中发现两种杂志,一种叫《我的杂志》、一种叫《儿童百科全书》,两者都是供给中学生以历史、科学知识的通俗读物。我在后者或前者中找到一篇可以说是科学幻想小说,把它译出来,就是《三百年后孵化之卵》。”这就是茅盾的第一篇科学文艺译作,是用文言文译写的,冠以“科学小说”之名,在 1917 年《学生杂志》的第一、二、四期上连载。[①] 这篇科学幻想小说是根据英国作家威尔斯的短篇小说《巨鸟岛》译写的。茅盾用文言文译出,并对小说结局做了更完美的改编,体现了人与自然相和谐的主题。

科幻小说的产生,孕育于幻想小说的土壤里,由产业革命中科学意识的觉醒所催生。18 世纪英国兴起了哥特式传奇小说,创始人为荷拉斯·华尔浦尔(Horace Walpole,1717—1797)。他的《奥脱浪图堡》(1765 年)描述了意大利古城堡,栖居那里的妖魔暴君、秘密通道中的升降天花板、中世纪的魔法和妖怪的变身术,充满恐怖和神秘的色彩。幻想虚构出的各种脱离现实的恐怖、悬念和惊险情节,反映了隐藏在民众心理中超越时代和风俗的一种愿望和恐惧心理。到 19 世纪,美国作家艾伦·坡(E. Allan poe,1809—1849)不仅开创了现代形式的短篇小说,也创造了推理小说和科幻小说,他的《汉斯·普法尔历险记》《阿瑟·戈登·皮姆的故事》便是其中的代表作。法国作家凡尔纳完成了一系列创作,使科幻小说在文学史上能够作为一种类型而得以确立。

继凡尔纳之后,英国作家威尔斯也创作了大量科幻作品,如《时间

① 余俊雄:《茅盾——科学小说拓荒者之一》,见《科幻世界》编委会编辑《科幻世界 科学幻想作品选刊》第 3 集,科学普及出版社 1982 年版,第 2 页。

旅行机》(1895 年)、《摩若博士岛》(1896 年)、《隐身人》(1897 年)、《星际战争》(1898 年)、《首先登上月球的人》(1901 年)等。1850 年到 1910 年期间,是幻想小说发展史上最丰富但又充满矛盾的时期。各种类型的科幻小说相继出现,互相影响。其中既有以凡尔纳为代表的富于冒险精神的乐观主义科幻小说,也有承袭怪诞—恐怖—惊险小说的离奇幻想小说。科幻小说的出现,以其科学想象力吸引着其他作家的兴趣和关注,如英国批判现实主义作家狄更斯、英国侦探推理小说家柯南·道尔(A. Conan Doyle,1859—1930)、美国作家马克·吐温(Mark Twain,1835—1910)等。

美国科幻小说的发展,成为现代科幻文学的后起之秀。1923 年发刊的《威亚德·蒂尔兹》杂志中,除了发表怪诞小说和幻想小说外,也发表一些科幻小说。1926 年发行了雨果·根斯巴克主编的《惊异科幻故事》杂志,使科幻小说从其他冒险小说和推理小说中脱颖而出。1929 年,《科学惊异小说》杂志的问世,标志着美国出版界已将科幻文学接纳为一种大众文学体裁。1930 年,作为现在《模拟科幻》杂志前身的《惊异科幻小说》诞生了。自此使科幻小说的创作蓬勃发展。① 当代科幻作家阿西莫夫(I. Asimov,1920—1992)创作了《我,机器人》《其余的机器人》《繁星似尘》等作品,构思精巧、妙趣横生,在丰富人们的科学知识的同时,给人以巨大的艺术享受。《未来世界》《侏罗纪公园》等科幻作品,更是蜚声世界,发人深思。

想象和幻想是一对孪生兄弟。想象是人脑对原有表象加工改造,

① 参见[日]福岛正实著,韩冈觉译《英美科幻传略》,见《科幻世界》编委会编辑《科幻世界 科学幻想作品选刊》第 3 集,科学普及出版社 1982 年版,第 115 页。

形成新表象的心理过程。创造性想象是人类从事科学发明和文艺创作所不可或缺的。艺术想象是文艺创作过程中最活跃的心理功能。“文之思也，其神远矣。故寂然凝虑，思接千载，情焉动容，视通万里。”“思理为妙，神与物游。”（刘勰《文心雕龙·神思篇》）作家如果缺乏想象力，就无法进行艺术概括，也无法创造出新的艺术形象。正如歌德所说：“一切艺术的最高的使命，就是通过假象塑造一种更高的现实性幻觉物。”①

科学想象与艺术想象不同。科学想象是作为一个纯粹的认识反映过程，它以现有的科学知识为依据，超越现实的条件并突破固有的逻辑程式，以实现思想的跳跃。艺术想象则是以情感为动力，依据情感逻辑即以情来取舍和贯通，来拓展人生和心灵世界的空间。科学想象要尽量排除想象者主观因素的渗入，通过想象去理解和把握客观事物的本质，提炼和纯化对于客体的认识。然而艺术想象却要融入想象者主观的情感和志趣。在科学想象中，形象是作为思想过程的手段，目标在于达到某种本质性认识。艺术想象始终不脱离形象，并以形象的创造为目标。

幻想作为一种特殊形态的想象，它是指向未来的，并与人们的愿望相结合。列宁说：“有人认为，只有诗人才需要幻想，这是没有理由的，这是愚蠢的偏见！甚至在数学上也是需要幻想的，甚至没有它就不可能发明微积分。”②幻想同样可以区分为科学幻想和艺术幻想。艺术幻

① ［德］歌德著，刘思慕译：《歌德自传——诗与真》下册，人民文学出版社 1983 年版，第 508 页。

② ［苏］列宁著，苏共中央马克思列宁主义研究院编辑，中共中央马克思恩格斯列宁斯大林著作编译局译：《列宁全集》第 33 卷，人民出版社 1957 年版，第 282 页。

想在浪漫主义文学中多有表现,如郭沫若的《女神》诗集中的《凤凰涅槃》,来自于传说,即凤凰会自行焚灭而又能从火中复生。这便是艺术幻想,它虽然不符合事实,但却情趣盎然、意蕴深刻。科学幻想必须具有一定的科学依据,但它又超越时代和现实,突破固有的逻辑联系而指向未来。飞越宇宙的科学幻想就曾对人类宇宙航行的实现具有激励和启示作用。

早在凡尔纳作品发表以前,天文学家开普勒就曾写过一本充满科学幻想的登月航行著作。可叹的是,它竟招致了无辜的祸端,使开普勒的母亲被指控为女巫。凡尔纳在《月界旅行》中,幻想用大炮把载人的炮弹打到月球上去。这已与艺术幻想中的"飞天"或"嫦娥奔月"有了质的区别。以致宇宙航行之父齐奥尔科夫斯基指出,正是凡尔纳的小说,推动了他研究星际航行的理论。齐奥尔科夫斯基在 1894 年提出未来宇宙航行的设想。他把未来宇宙航行分成 15 步,设想了从制造火箭式飞机到建立地球卫星,从登月到飞向行星,从飞出太阳系到向整个银河系移民等。这一科学设想也带有幻想的性质,因为当时连飞机和火箭都还没有问世。

从体裁特点上看,科幻小说既与科学小说不同,也与幻想小说不同。科学小说是以现实的科学活动和事件为题材,如科学小说《居里夫人》是记述波兰女科学家居里夫人长年艰苦探索并两次荣获诺贝尔奖的故事。幻想小说则是以艺术幻想为基础且并无科学根据的创作。科幻小说的题材是围绕一定未来科学事件的,但它仍然是通过人的社会生活和内心世界而展开的。它仍然属于文艺范畴,它的创作要有一定科学原理的依据,但也要符合文艺规律,允许人物的虚构和情节的夸张。关于这一点,在创作的把握上难度是较大的,也是有争议的。

科学原理与绘画艺术

1874年，一群画家在巴黎举办了一场画展，目的是想在官方的沙龙展之外为自己的作品寻找另外的出路。参展者之一的莫奈（Claude Monet，1840—1926）展出了一幅题为《印象：日出》的绘画。有几篇评论就把这个标题当作参展作品最主要的特征，而且有一位名叫路易·勒鲁瓦（Louis Leroy）的评论家更直接以《印象主义者的画展》作为他评论的标题。尽管画家们并不情愿以此为标志，但它还是成了19世纪末叶一次最重要的艺术运动的名称。这次参展的画家还有毕沙罗（C. Pissarro，1830—1903）、雷诺瓦（P. A. Renoir，1841—1919）、塞尚等人。①

印象主义绘画的产生，受到当时对于光和色彩关系的科学理论的影响。自17世纪牛顿的《光学》问世以来，光与色彩的关系成为物理学、生理学和心理学研究的一项内容。1807年，托马斯·扬（Thomas Young，1773—1829）关于光波论和视网膜机能论的研究引起人们的普遍重视。围绕光的现象提出了一些生理的和心理的假说。托马斯·扬制定出一个"三色"理论，后来为赫尔姆霍茨（Hermann von Helmholtz，1821—1894）所支持。赫尔姆霍茨认为视网膜具备三种色受体，对于这三者的刺激分别得出红、绿、蓝三色。每一种受体只能由一定波长刺激到最大程度，并由光谱中毗连的波长刺激到较小程度。他指出，这三种基本色可以在种种比例中相互结合构成光谱上的种种颜色，而

① 参见《大英视觉艺术百科全书（中文版）》第五卷，台湾大英百科股份有限公司1988年版，第20页。

且当适当调配时，便构成白色或灰色。波希米亚生理学家珀金杰(J. E. Purkinje，1787—1869)对于颜色亮度和光线强度之间的关系做出了重要研究。[①] 1839 年，法国学者谢弗尔(E. Chevreul)发表了《论色彩的同时性对比法则》[②]。这些研究揭示出，人对物体色彩的感受来源于物体对光源的反射。因此，所谓物体的固有色往往取决于其光源的特性和环境的影响。

物体的颜色是由光线决定的，而自然光又随着时间的变化而改变，所以捕捉物体色彩的瞬间变化便成为印象主义画家的任务。莫奈从一开始便强调在户外作画，以探求光与色的变化关系和艺术效果。他坚持在阳光下写生，用大号笔以迅速的笔触来作画，把颜色涂得厚厚的，欣赏颜色的粗纹路。莫奈把形体的塑造大部分处理成平面，使这些面为深暗的光影衬托出来。莫奈用厚重的团块把画面截然分为受光部分和不受光部分，以本身不为光线透过的不透明色来描绘光。在他的笔下，“灰色、黑色消失了，代之而来的是纯色；明暗表现法不适用了，相对应产生的是互补色的运用或鲜明的冷暖对比，物体的坚实感就这样被摧毁了。可以说，光是印象主义画家描绘对象所必须尊重的前提：光就是色彩、运动、时间，一句话，光就是真实”[③]。

对水的研究，在莫奈绘画风格的发展中起了重要的作用。1868 年莫奈画了一幅描绘一个妇人坐在河岸上的画。在这幅画中，水上的反映构成了主要的趣味，正如雪景曾经是美术家探究阴影的手段，对水的

① 参见[美]G. 墨菲、J. 柯瓦奇著，林方、王景和译《近代心理学历史导引》上册，商务印书馆 1982 年版，第 101、153 页。

② 参见《大英视觉艺术百科全书(中文版)》第五卷，台湾大英百科股份有限公司 1988 年版，第 26 页。

③ 吕澎：《现代绘画：新的形象语言》，山东文艺出版社 1987 年版，第 17 页。

观察提供了研究反射和反映的绝好机会。由此,使画家进一步认识到:所谓固有色实际上是一个纯粹的积习,而每个物体在眼前都会呈现出一种独特的颜色,其色彩是从自然光下原有的色彩及环境、气候条件等共同造成的。此外,对水的研究使人能借以表现无形体的团块,它只能靠色彩的丰富的细微差别才会生动起来,用活泼的笔触表现广阔的面积。

在绘画实践中,印象派画家逐渐认识到:单纯把瞬息万变的自然景观迅速描绘下来是不够的,但同时当场把自然景观的瞬间变化描绘下来也是不可能的。莫奈虽然保持了户外写生的习惯,然而他还要在画室重新润色他的作品,甚至坚持要在宁静的画室重画一些作品。塞尚在晚年时曾经说,他最伟大的创见之一是:"阳光无法复制,但是他们必须用其他的东西把它呈现出来,那就是色彩。"①莫奈和雷诺瓦也得出了相同的结论。他们都认为应该全面强调每幅画的色彩结构,所以在莫奈晚期作品如《卢昂大教堂》系列中,更重要的是经过统合使色彩和谐。

凡·高(Vincent Willem van Gogh,1853—1890)作为后印象主义代表,曾经受印象主义绘画影响,并且阅读了有关三原色和补色的理论著作。他对色彩的运用,不是追求光的真实,而是把色彩作为内心世界和激情的表现。他想从空气清新、色彩明快、阳光充足的大自然中汲取艺术灵感。在这里,使他感兴趣的不再是印象主义的光的弥漫和对自然的复制,而是自身的内在真实。

① 参见《大英视觉艺术百科全书(中文版)》第五卷,台湾大英百科股份有限公司 1988 年版,第 26 页。

塞尚作为后印象主义的代表,着力于运用色彩表现空间和体积。他用一系列平面色块来表现深度,用色彩来表现形式,从而构成了色彩造型。他把自然的物体作为他艺术的“母体”,并要求这一母体服从于他所感兴趣的结构和空间关系。他受数学秩序和几何关系的影响,希望通过艺术变形使事物的表现更富秩序感,由此也形成一定的几何程式。这些都对现代西方绘画产生了不同程度的影响。

科技手段与电影艺术

人们常对动的幻觉深感兴味。自古以来,魔术师便利用黑暗中闪烁的灯光来愉悦观众,但是,其与现代电影比较起来便相形见绌了。电影对于任何初次观看的人,都具有一种特殊的魅力。《电影的本性》一书的作者齐格弗里德·克拉考尔在回顾他童年时代第一次看电影的感受时写道:“我当时的心情一定是如醉如狂的,因为我就在当时当地便决定要把我的体验著述成书。就我记忆所及,这是我最早的著作计划。我不记得后来有否实现。但是,我总忘不了我从电影院回家后立刻写在一片纸上的那个长长的题目:《电影作为日常生活中不平凡景象的发现者》。而那些不平凡景象则至今犹历历在目。”[①]

著名导演英格玛·伯格曼在谈到电影的感受时说:“我十岁的时候,得到了一架嘎嘎作响的电影放映机,它还带有灯泡、烟筒和一卷永远放不完的影片。我发现这架机器既神秘又好玩。……即使到今天,我仍以一种孩子似的兴奋心情提醒我自己说,我实际上是一个魔术家,

---

① [德]齐格弗里德·克拉考尔著,邵牧君译:《电影的本性——物质现实的复原》,中国电影出版社 1981 年版,序言第 6 页。

因为电影根本是一种欺骗人的眼睛的玩意儿。……我用的那种机器在构造上就是利用人的某种弱点,我用它来随意拨弄我的观众的感情。"①

电影诞生于1895年。它的先导可以追溯到照相术的发明。1839年,法国舞台美工师达盖尔(L. J. M. Daguerre,1787—1851)成功地实现了用银板照相。开始曝光在30分钟以上,后来改进了银盐并加用了佩兹伐尔发明的透镜,使曝光时间缩短至数秒。照相术的发明引起了社会的普遍重视。法国物理学家盖·吕萨克等人赞扬说:摄像机拍下的每一个细节都具有"数学般的准确性"和"难以想象的精确性",因此预言这一手段将给科学和艺术带来好处。达尔文在1872年发表的著作《人和动物的情绪表现》中便采用了快照照片,以此来传达"最细微的倏忽即逝的面部表情"②。然而,摄影师们并不满足于只是真实地记录自然,他们力图在表现摄影真实性的同时,去创造摄影的美。摄制的照片并不仅仅是抄袭和复制自然,它是用将立体景物转化为平面的方法,使自然改变形态,并且通过取景割断了这些景物与周围环境的联系。黑白照片则是用黑灰白的色调取代了原有的彩色结构。更为重要的是,在组织空间形象时,摄影师的各种感官感觉、他的意识中固有的形式范畴和他的气质等都会影响拍摄的结果。也就是说,摄影师以自己的心灵来观察事物,他要根据自己对事物的理解和解释来记录这一事物,以自己的感觉能力对摄影的主题、景框、透镜、滤色镜、乳剂和胶片进行选择。这里的问题是,如何将反映现实的真实性特征与摄影师主

① [美]李. R. 波布克著,伍菡卿译:《电影的元素》,中国电影出版社1986年版,第1页。

② [德]齐格弗里德·克拉考尔著,邵牧君译:《电影的本性——物质现实的复原》,中国电影出版社1981年版,第5页。

观造型能力结合起来。

照相可以抓住现实在流动中转瞬即逝的片刻,表现出最富表征性的自然状态。在这里,偶然性成了摄影的真正食粮。大都市给人们引发的种种梦想,曾经被照相术具体化为偶然的邂逅、古怪的重叠和难以置信的偶合性场面。事物的偶然结果只代表一种片段,而不反映整体。一个画面,当它不给人以完整无遗的感觉并使人感到边框之外的内容时,才能获得更深远的意味。同时,照相的内容也有一定的含混性,使它产生出某种多义性。这些都使它暗示出人生的无涯。

由此,照相便获得了某些独特的魅力。尽管摄入镜头的主题物可能被歪曲或变形,但是人们仍然坚信照相记录所具有的真实性,从而使照片成为人们一种永恒的"记忆"。随着时间的消逝,这些纪念物的意义会发生重大的变化。当它们所唤起的回忆渐渐消失,照片的文献意义便随之加强。人们在过去的照片上而不是在原来的现实中发现各种细节时,会令人喜出望外。人们总希望能发现一些意料之外的新东西,这是对摄影技术的揭示能力所表现的赞赏和信赖。正是这种揭示和探索功能,增添了摄影艺术的魅力。摄影对事物所取得的新视角和新发现,使照片获得更强烈的美感。

从静止的照片发展到活动的电影画面,关键的一步是如何使人产生动的幻觉感受。1877 年,法国人埃米尔·雷诺(E. Reynaud,1844—1918)发明了一种活动视镜,将连续移动的画面投射到一块镜面上,由此使人产生一种运动的幻觉。在此之前,早在 1654 年,德国学者基歇尔(R. Kircher)就提出过利用烛光和玻璃透镜可以制作放映器的理论,到 19 世纪中叶,各种幻灯已经得到运用。人们制作出两张相连的幻灯片,描绘同一个物体,但位置关系略有变化,当在光源前迅速移动这两张幻灯片时,就可以使人对物体影像的感受产生出运动感。1882 年,雷诺把幻灯片与他的活动视镜结合起来,制造出了电影放映机的前驱——活动视镜放映机。同一时期,美国发明家爱迪生(T. A. Edison,1847—1931)也利用一条旋转的胶片发明了电影视镜。

电影摄像机有一个高速开关的快门,它连续拍下一格格静态的画面,使一个活动的形象在不同的运动状态被记录下来。快门的速度一般是 1/24 秒,现代化摄像机则为 1/50 秒。由于时间间隔很短,相邻画面之间的变化不大。当这些静态的画面以同一速度放映在银幕上时,便使人看到了不断运动的场面。这是因为人的视觉反应有一个停留时间(视象暂留),它长于 1/24 秒。由于视觉反应的这一特点,使各个静态画面中动作的变化被叠加起来成为一种连续的运动。视象暂留现象是比利时人约·普拉托(Plateau)研究发现的。正是科技手段造成了电影的运动幻觉机制,使电影艺术具有了引人入胜的特性,能够超越时空的局限展示出激动人心的画面。

电影艺术与摄影艺术相比,既有相似的一面,也有不同之点。电影擅长记录和揭示具体现实和感性直观的生活画面,这一点和照相类似。在电影技巧中,有一些便是借自照相术,如特写、软焦点画面、负片的应用、两次或多次曝光等。但是,镜头的组接即剪辑和叠化、快动作和慢动作、时间的倒转以及各种特技则是电影所特有的。

剪辑是镜头画面获得含义的最重要的手段。两种不同镜头的组接可以产生第三种含义。蒙太奇便是将不同场面的图像或音响连接起来的剪辑过程,它可以运用连续的视觉形象或音响来创造情绪的冲击力。在电影《全天候人》中,通过一系列清晨的泰晤士河的画面表现出主人公告别伦敦的环境氛围,使整个影片呈现出特有的情调。在表现橄榄球运动员生活的影片中,通过球赛中身体碰撞的片断性长焦距镜头组成的蒙太奇,加上撞击声和呻吟声,把观众带入了球赛之中,从而形成了强烈的冲击力。

在剪辑的艺术处理中,时间是主要的因素。剪辑可以把在一分钟内发生的动作扩展到仿佛一小时的场面,也能通过片断的闪切,把一小时的动作压缩成一分钟。电影剪辑的早期范例是苏联导演爱森斯坦(S. Eisenstein,1898—1948)的《战舰波将金号》中敖德萨阶梯那一著名段落,它挖掘并展现出了一个短暂片刻的丰富内涵。闪切是在从一个场面直接切到另一个场面时插进一些短促的片断,从而使时间得以压缩。每一个影像都有它自身的时间特性,剪辑的处理必须保持对时间感的灵敏度以及运动的节奏感。图像与音响的关系也是剪辑处理的重要内容。每一种音响、每一个图像都影响到观众对所见事物的反应。一个人在大街上行走的普通场面,如果加上混乱的交通噪声就会使人产生强烈的紧张感受;如果加上呼呼的风声,就可能变成孤独而寂寞的散步。叠化音响的剪辑技巧,把一个场面的伴音与前后场面的伴音相重叠,从而改变或丰富了互无关联的视觉形象,并加快了影片的速度。

电影摄影与照相术虽然都存在构图的问题,但是电影的构图是在活动中展开的,影像在不断地变化。电影构图的最重要的基本元素正是画面本身的运动能力。利用摄像机的灵活性不断更换视角,使人物在动作展开的过程中改变影像的性质。摄像机推近时,全景变成了大特写,反之画面就变成了全景。而在摄像机的转动中,不用切断画面来打断场面,就能使影像产生变化。

电影构图的基本目的是为了产生纵深感,用两向度的胶片创造出第三向度感,使观众越过表层进入到画面内部之中。照相时绝不会用地平线把画面一分为二，而在电影中却打破了这种禁律。“纵深”构图往往比平面“交叉”构图更富于电影性，人和物的位置使我们清楚地看到电影的第三向度。在画面边框上出没的人或物体的部分构成了画外延伸的影像，它可以扩大观众的知觉范围，暗示出更大的背景和环境气氛。

每一种镜头对于画面内可见运动的影响，都具有一种奇特的光学效应。越是正常的镜头（18～50毫米）越能忠实地再现运动。当镜头的焦距加长时，接近摄像机或远离摄像机的运动似乎在收缩或距离缩短。当镜头的焦距缩短时，运动似乎在扩大或距离拉长。这种对运动的歪曲称为摄远效应，它可以使画面产生强烈的戏剧效果。

总之，电影是一门建立在现代科技手段上的艺术。正如汝信先生所说：“电影和电视都属于现代群众性传播媒介，其特点之一就在于它们可以充分利用现代化手段把艺术信息迅速地、大规模地传达给大量的观众，从而对整个社会生活发生极大的影响。”“电影是综合性艺术，它除了拥有自己特有的艺术表现手段外，还能充分地吸收和利用各门艺术的长处，而在一定程度上超越它们的局限性，融各种艺术于一炉，把视觉、听觉的审美感受同诗的想象、戏剧性的情节等等更完美地结合起来。”①

① 李幼蒸：《当代西方电影美学思想》，中国社会科学出版社1986年版，序第3页。

希望是存在的一种状态。它是一种内在的准备,一种强烈的但尚未实现的能动性。

——埃·弗洛姆《希望的革命》

六、新的工业文明
——高效益与高情感的追求

在手工业生产时代,由于生产效率的低下,人们要付出繁重而大量的劳动才能维持艰难的生活。但是,由于生产和生活节奏的缓慢,人们容易保持一定的情感交流,手工操作可以把工匠的技巧和情趣凝注在生产的物品中,使得人们在物质匮乏的状态下,仍能以精神生活来弥补物质生活的不足。然而随着科技的进步,劳动效率和生产力水准不断提高,生产节奏不断加快。市场经济的发展也加剧了社会的竞争并加快了生活的节奏。不断涌现的新的科技产品给人的陌生感和冷漠感,对人的情感生活造成了极大的冲击。以牺牲情感和人的精神生活来获得生产效益,曾经是工业生产前期难以避免的事,但是随着人们物质文化水准和需求的不断提高,高效益与高情感的追求已属势在必行了。因为高效益只有建立在高情感的基础上,这种高效益才能取得精神的动力而得以持续;同样,高情感只有建立在高效益的前提下,才能取得物质文化的坚实基础。社会主义生产的目的,是不断满足人民日益增长的物质和文化需要。这一生产目的应该完全反映在产品与人的关系之中。产品与人的关系包括以下三方面的内容:其一,产品作为人的生存工具是人的肢体和头脑的延伸和替代,它应不断提高和扩大人的活动能力和范围。其二,产品作为人工环境的组成是人与环境的中介,它应不断调节和改善人与社会和自然的关系。其三,产品作为人的使用对象,它应不断适应人的全面发展的需要。这便是新的工业文明的目标取向,也是人的现实的审美追求。

产品的生产,首先取决于设计。设计是一种产品的规划,一种选择和一种决策。设计产品就是规划人们明天的生活环境和生活方式。这一过程包括一系列文化上的选择,它要在兼顾事实前提和价值前提的情况下做出决策。因此,设计要在不断的开拓中去搜索它的目标,在环境的制约下,根据人的需求做出令人满意的方案和结果。设计作为一种社会文化的整合过程,要在自然科学、社会科学和人文科学的交汇中,实现科技文化与审美文化的结合。

产品设计结果的满意程度,从审美的视角上看,外在地表现为产品的功能美。它是以产品的功能目的为取向,在使用与外观的统一和实效性与表现性的统一中,取得的产品审美价值。它是产品精神功能的重要量度,也是实现产品高效益和高情感的具体途径。

产品造型成为产品语言的一种表达,也构成了人—机(产品)之间的一个界面,成为人们对产品进行操作的依托和识别的根据。造型的美,不仅可以提高产品的精神价值,同时还可以成为整个产品使用价值的表现手段,使产品自身成为产品形象和企业形象的有力的传播媒介。

1. 产品是一种适应性系统

产品,作为人类生产活动的结果,是人们为了一定社会需要而创造出来的物质成品。小到一枚别针、一支钢笔,大到一套机床设备、一座建筑,甚至于整个城区,都可以看作是一个独立的产品。任何产品都是具有一定实体形态的物质存在,甚至连精神产品如艺术品也有它自身的物质载体。当然艺术品不是这里研究的对象。产品不仅是人的劳动成果,而且是供人使用的对象。正如马克思所说:"产品之所以是产品,不是它作为物化了的活动,而只是作为活动着的主体的对象。"①对象性是人的活动的根本特点。通过对象性的活动,在个体心理上产生了欲望、动机、兴趣、情感和意向,因此对象必然反映和折射出全部人性的规定。这就是说,任何产品都应该与人的精神发展水平相适应,它不只是单纯满足人的某一物质需要,还要与人的全部身心特性处于和谐的相互关系之中。例如,一支笔不仅要能写出字来,还要适应于人的书写活动的要求,便于人们对笔的辨认、标识、清洁和保存,同时在使用和放置中给人以爽心悦目的感觉,与人的文化品格相适应。

作为适应性系统,产品一方面要适应于外在的环境条件,另一方面要适应于人的使用要求。产品与使用者和环境的关系,具体表现为产品的功能。产品的功能是由产品的结构决定的,对产品构成要素的分析可以使人们对产品自身系统取得全面的了解。

① 马克思、恩格斯著,中共中央马克思恩格斯列宁斯大林著作编译局编:《马克思恩格斯选集》第二卷,人民出版社 1972 年版,第 94 页。

产品自身系统的构成

材料 技术是对自然的改造和利用，但它同时又必须依靠自然，从自然界获取构成产品的材料。人们自古以来便知道，用不同的材料制作不同的器具，以发挥材料特有的性能。木材、藤竹、皮革等天然材料是传统生活用具中经常使用的，它们柔韧、温和的触感能够给人温馨感和舒适感。随着科技的发展，钢铁、合金、合成树脂、合成纤维等新材料不断涌现。材料的更替使产品形态不断发生变化。例如，我国古代建筑使用的材料多为木梁、石基、砖、瓦，古希腊建筑则多用大理石，现代建筑采用钢筋水泥、玻璃幕墙等，这些材料都为建筑形态的多样化和功能的开拓提供了物质基础。

在用新材料替代传统材料时，人们往往受原有材料与产品结构和功能关系的制约，不能从新材料自身的特点去寻求更适合的结构和功能定位，甚至还从外形上去模仿传统材料。这样做既不能发挥更好的效能，也失去了富有创造性的审美魅力。当然，有一些人工材料替代天然材料的出发点便是对天然材料的模仿，如酷似木材的塑料贴面、替代丝绸的人造丝以及替代皮革的人造革。这些新材料只有借助人们对天然材料已有的感性经验来树立自己的形象，才能为人们所接受。但是，这些人造材料也不应停留在单纯模仿的水准上，而应在性能、色彩和质地等方面超过天然物，以最终树立自己独特的个性和感性形象。

充分发挥材料自身的特性，不仅可以有效地确保产品物质功能的实现，而且有助于加强它的审美效果。例如陶瓷碗碟，利用材料的可塑性，能够使它制造得圆滑而精细，这样既便于人们手持和使用，也会给人一种轻巧和舒畅感。因此在选择材料时，要对材料特性有一个全面的了解。材料特性一般包括以下方面:以强度、刚性为指标的力学特性;以耐光、耐热、耐电磁为指标的光电磁特性;以防腐和氧化程度为指标的表面特性等。以上是材料自身所固有的直接特性,此外还有是否便于加工制作的加工特性,与材料资源状况和供应成本相关联的经济特性以及色泽、纹理、软硬、温凉、轻重、粗糙与滑润等与人的感官相关联的质感特性。这些特性不仅关系到材料结构和工艺性能,而且与社会经济、文化以及人的生理、心理效应相关联。

对材料进行直观的感性判断,有助于挖掘和发挥材料对人的生理、心理和文化的效应。日本千叶大学"工业意匠学科"在"材料计划"的讲座中,提出了十六种代表性材料,去调查设计师对它们的感觉、反映和评价。初步收集到的一些评语被归纳为三类,即"温暖感""高级感"和"放心感",然后从研究角度又加上"美感""深沉感""光泽感"和"对人的抵抗感",由此形成调研的七个方面。在具体调查时又将上述七个方面内容进行适当扩充,如将"放心感"具体化为"是否给人平静感""是否舒适"以及"是否安全"之类。调查结果表明,人们认为木材给人的平静感最强,而橡胶给人的平静感最差,但却最为舒适。玻璃、玻璃钢等材料缺乏安全感,而金属材料和工程塑料最具安全感。

产品外部的各种材料经过加工后,以整体的形象给人的直观感受,是产品的表面效果。对产品表面效果的处理,有不同的选择和方法。在生态意识和回归自然思潮的影响下,家具追求一种不加涂敷的天然木质的本色处理。现代国外兴起的这一趣味与我国明代家具风格相一致。这种家具表面不涂漆,保持硬木的天然质地和纹理,给人一种质朴、自然和温馨的感受。有些家用电器,特别是音响设备追求暗淡和亚光效果,这是考虑在室内陈设上不引人注目、不造成过多的视觉中心,同时与明亮的电视屏幕形成对比效果。此外,黑色还赋予音响设备以深沉感。在后现代主义设计中,人们却舍弃质感而突出形式和色彩。意大利孟菲斯(Memphis)设计集团主张摆脱传统影响和理性束缚,自由酣畅地表现个人的主观意趣。这更适应年轻人和儿童的心理特色,因为丰富的感官刺激有利于激发想象力。

材料的运用方式,涉及资源的合理利用和生态环境的保护,它还关系到人与产品以及自然的和谐,因此也在美学的视野之内。我国是一个人均资源相对贫乏的国家,而且面临着严重的环境污染,因此充分考虑废弃物的处理也是产品设计工作的重要一环。目前国际上流行的“3R 原则”为此提供了良好的思路。“3R”即 Reuse(再使用)、Recycle(再生利用)和 Reduction(缩小)的简称。它把原来设计的正向思考转化为逆向思考,从最后产品的废弃处理开始,设计它的消费方式、流通和生产的安排。例如某些包装容器和材料可以重复使用,鼓励消费者多次使用同一个塑料袋;纸张、玻璃等可以回收再生利用;产品的缩小可以降低材料消耗并节约使用面积。

结构 产品所使用的材料,都是按照一定的结构方式组合起来的。因此,结构就是组成产品的各种材料之间相互联系和作用方式的总和,是材料的组合方式和存在方式。只要结构方式相同,不同的材料也可以构成功能相似的产品,所以结构决定了产品的性能。结构的组成可以具有多层次性,这要视产品的复杂程度而定,依次可以划分为部件、组件及零件等。结构是一种有序的整体,按照一定的功能目的而组成。当这种有序性被破坏,产品的寿命也就终止了。结构的稳定性,保证了产品内部组成要素之间相互作用的均衡,它是产品正常工作的前提。

结构的组成方式有三:其一是塑造,即把一种材料用铸造、锻压、注塑、雕琢或切削等方法加工而成,使它达到设计要求的形状。从古代的青铜器到今天的塑料制品都是这样成型的,其特点是富有整体感和材料的质感。就整体材料而言,塑造是一种“减法”处理,它要去掉整体中多余的部分。其二是构筑,即用组装、拼接、铆接、焊接等方法,将不同材料的零件结合成一个完整的产品。它是一种“加法”处理,一般家具、建筑和机电设备的结构组成都属此类。其三为交合方式,即上述两种方式的联合使用,如汽车车身的底盘和外壳是用塑造方式,而内部传动和操纵系统则为构筑方式。

结构一般处于产品的内部,特别是带有能量转换和信息转换的结构,由于需要不受外界干扰的封闭空间,所以往往隐蔽在机壳之内。表现运转状况的部分,如录音机的磁带传输部分、自动机床的加工部分,可用透明机壳使人一目了然。现代设计注重运用结构作为功能的表现,法国蓬皮杜国家艺术文化中心便是一个结构外露而内部提供最大使用空间的范例。蓬皮杜国家艺术文化中心坐落在离巴黎圣母院不远的塞纳河边,长 168 米,宽 60 米,总建筑面积达 10 万平方米。整座建筑共分为工业设计中心、公共情报图书馆、现代艺术博物馆以及音乐与声乐研究中心四部分。蓬皮杜国家艺术文化中心的外观好似一家炼油化工企业,28 根直径 85 厘米的钢管柱子顶天立地,构成了大跨度钢结构框架,其内为全透明玻璃幕墙,梁柱、桁架以及各种管线都不加遮掩地暴露在外。红色管线是交通运输系统,蓝色管线是中央空调系统,绿色管线是给水排水系统,黄色管线是供电动力系统。蓬皮杜国家艺术文化中心外部悬架着巨大的透明圆管,自动扶梯蜿蜒而上,人们在乘行中可以观赏塞纳河的风光。室内各层没有固定墙面,可根据活动内容临时分割。这一建筑结构是在系统离散分析的基础上实现集约化系统综合的结果。蓬皮杜国家艺术文化中心以它功能性结构的独特造型而引人注目。

形式 产品材料和结构的外在表现便是产品的形式，它是由轮廓线条、色彩、质地等为人直接感知的物质属性构成的整体。产品通过形式成为人的感知对象并引起人的认知和情感体验，形式因而也成为一种符号，即信息载体。各种形式因素以它特有的语义结构组成一种产品语言，传达出产品有关的各种信息。它告诉人们：这个产品是什么、怎样操作、有什么文化意义和价值。审美便是通过形式感受获得的心理体验。产品形式的美与产品的形式美是两个不同的概念，前者是指包括形式美在内的整体形式给人的审美感受，而后者是按照形式规律组成的形式因素自身的美。

形式虽然是结构的外在表现，但并非任何产品的主要结构都能在外观形式上得到表现，如钟表或汽车。有些形式与产品结构并无直接联系，如茶具表面的纹饰、灯具华丽的外罩，它们具有附加上的性质。但是它们的存在，仍然是以产品整体结构的特征为依据的。这里涉及形式与内容的关系问题。形式总是表现一定内容的形式，内容总是以一定形式表现出来的内容。对于产品来说，内容包括了产品的材料、结构和功能等的总体，形式应该成为这些内容的表现。但是，人们在审视一个产品时，它的形式能否成为其功能结构的真实表现，则是需要验证的问题。例如，假冒伪劣产品可能金玉其外而败絮其中，即它的形式与内容之间失去了真实的联系。

一般说来，形式比内容具有更大的继承性和稳定性。在传承中形式因素脱离具体结构或功能而形成某种地域风格或民族特征。当一种新型产品出现时，往往是借用功能相近的老产品的形式，如汽车发明初期便采用马车的形式，电视机刚问世时，采用了收音机的形式。随着新技术发展的日趋成熟，新型产品的功能结构才能找到与其相适应的新形式。

产业革命之后，最初的工业产品往往利用古典建筑或手工艺的装饰来改善自身的形象。工业设计开始时便提出反对外加装饰，强调运用几何造型来表现工业产品自身的美。著名建筑学家柯布西埃提出“现代装饰艺术不加装饰”，1924 年德国产业联盟展览的主题便是“无装饰形式”①。将功能结构转化为装饰因素是当代造型的一个特色。功能结构向装饰性因素的转化特别表现在产品的操作和指示部分。如台灯按钮是操作部件，也可以成为台灯造型的一种装饰；灯罩具有遮光功能，也可以成为一种装饰物。中国古典建筑的飞檐、斗拱都是功能结构的组成部分，与此同时也是一种结构性装饰物。结构与形式之间，并不存在单一的对应关系。也就是说，形式存在自身的自由度。例如，电话的功能和结构基本相同，但电话的造型形式却可以千变万化。在这种形式的变化中，使电话获得不同的精神意义和使用特征。人们配戴的眼镜具有较大的装饰性，它的变化主要在形式上。通过镜片的大小、不同形状的曲线、支架的颜色、质地、粗细等的变化，使眼镜与配戴者的脸型构成一种协调和对比，或给人一种沉稳、安详的感觉，或给人一种活泼、生动的感觉。在产品的形式自由度中，色彩变化的自由度最大。它一般不影响产品的物质结构，而对人的情绪影响却十分明显。此外，线形的变化比体面的变化自由度要大，如各种箱体可以采用直角也可以采用圆角。形式自由度受技术要求的制约，如风扇叶片的形式便没

① P. 詹逊：《1935—1965 年的设计》，纽约版 1991 年，第 228 页。

有多少自由度。

功能 一个物质系统与其环境的相互作用,便是该系统的功能。产品作为一种人工系统,它的适应性表现在与环境和人两方面的关系上,归根结底对环境的关系仍然是对人的关系。产品的功能表明产品满足人的需要的程度。例如,一部汽车不仅对环境条件有要求,如路面条件、气温、风速、能见度等,而且对社会环境各方面的影响也有要求。这种影响可以表现在七个方面的关系中。第一,与购买者的关系:作为商品占有者,汽车的技术经济指标、使用功能和审美功能都可以成为他的一种财富。第二,与驾驶员的关系:操纵性能和安全性都关系到操作者的劳动支出和生命安全。第三,与乘客的关系:汽车是直接为乘坐者服务的,它的行驶性能、内部环境和乘坐舒适程度等都与乘客直接相关。第四,与维修人员的关系:汽车的技术性能、结构性能都与是否便于维修相关。第五,与行人的关系:汽车的制动性能、玻璃的反光度、行驶的清洁性,是否溅起地面污水或扬起灰尘等都关系到行人的安全卫生。第六,与街道居民的关系:汽车排放废气带来的空气污染、鸣笛造成的噪声污染等都影响周围街道居民的生活和休息。第七,与旁观者的关系:汽车行驶中作为一种动态景观能够给欣赏者一种审美感受。最后,当汽车报废时,它的回收处理也关系到对环境的保护。

根据一般系统理论,一个系统的功能是该系统组成要素、结构和环境三者的函数。当产品的系统组成要素和环境确定以后,那么结构便是决定产品功能的关键因素。结构与功能的关系有三种类型:第一种是同构同功,即相同的结构表现出相同的功能,这是一种单一对应的关系。当我们看到结构相同的产品时,可以推测出它们有相似的功能。第二种是异构同功,即不同的结构可以达到同一种功能,这是一种多一对应的关系。例如一部吸尘器是由三大组件构成的,即电机、储尘器和吸嘴,它们可以有多种组合形态,却具有同一的功能。电机与储尘器可以通过立式组合、卧式组合、内含组合、分立组合等结构形态而构成不同款式的吸尘器,这里结构与功能之间即表现为多一对应的关系。第三种是同构异功或一构多功,即一种结构具有多种功能。一构多功的产品具有经济、便捷和广泛的适用性,如收音机与录放机和时钟的结合,收音与录放音可公用一套系统,时钟与收音机的结合使收音具有了定时功能,收音机使时钟具有了报时功能。但是,这种多功能的结合必须具有内在结构的关联和使用场合的一致性,否则相互之间就会形成干扰。

产品的功能以满足人的需要为目标,由于人的需要具有多层次性,所以产品功能也具有多层次性。物质功能的满足是对产品的首要规定,因为离开物质功能的发挥,产品就不能称其为物质产品了。但是人的任何活动都伴随着精神现象,也就是说,在物质生产和物质消费过程中,人同时存在着精神活动。因此任何产品在提供物质功能的同时,必须同时提供相应的精神功能。任何产品都要通过造型形式提供识别功能,使人了解这是什么产品、有什么用途;同时,还要用造型语言提供有关操作和运行的指示功能,甚至使它产生某种社会认同,这些都可以用认知功能加以概括,它是产品传达有关信息的职能;此外,要使产品的使用过程和产品营造的环境能够给人以爽心悦目、心情舒畅的感觉,这就要求产品还要具有审美功能。因此,产品功能具有多层次性和多种规定,这就是实用功能、认知功能和审美功能,它们是发挥产品效用所缺一不可的。

产品与社会的动态关系

产品的生产是企业行为，是构成社会经济活动的重要组成部分。产品作为科学技术的成果，它的功能水准取决于科技发展的状况。因此，当涉及产品与外在社会环境的相互关系时，就要考虑到社会经济和科技发展对它的影响。德国工业设计界对于产品设计提出了两种系统的相关理论作为考察产品的一种参照系。其一是“产品的 TWM 相关系统”，它说明确定产品和造型的因素主要有以下三方面，即技术因素（包括有关生产和产品应用的技术）；经济因素（包括经营、采购和生产成本等）；与人相关的因素（包括人机工程学的、心理的、社会的以及审美的要素）。这就需要把产品放到一个社会发展的动态系统中加以考察。

当产品与人相接触时，德国工业设计界对于产品设计又提出了一种“产品的 O—R—M 相关系统”[①]，它说明产品直接影响到人，同时通过它的存在状态还间接地影响到空间环境（如居室、工作间、街区、景区等）以及其他物品。产品往往是作为一种系统中的构成物而发挥作用的，它的存在必然对环境空间和周围物品产生影响，并共同作用于人。

企业生产的产品是作为商品提供给消费者的。商品的社会流动过程表现在生产—流通（分配或交换）—消费三个环节上。商品生产是以创造社会价值为目标，它要把产品的使用价值转化为商品的交换价值，从而完成商品的生产。商品是由市场进行交换，以供别人使用。产品的市场竞争能力是企业生产能力、技术和管理水平、经济效果的综合反

① A. 舍勒尔：《产品要素对造型的影响》，德文版 1974 年，第 9—10 页。

映,其具体表现在产品的质量、品种、价格和售后服务等方面。企业生产的产品只有最终能满足消费者的需要并为消费者所认同,才能实现商品的交换价值,才能使企业生产维持下去并取得发展。

产品质量是确立名牌产品的前提,质量是指产品的适用性,即满足消费者需要的各种特性,除了产品的使用性能外,还包括外观质量以及对于它的寿命、可靠性、安全性和经济性的要求。品种反映了产品适应不同消费需求的多样性和独特性。品种的分化是提高产品市场针对性的主要手段。产品内在功能和外在形态的多样性和独特性,使企业生产的产品获得自身的特色。没有特色的商品必然会湮没在同类商品的汪洋大海中,无法展示自身的魅力。商品的价格,与其成本和利润直接相关。生产成本反映了企业经营方式的集约化程度和技术经济水准。长虹牌电视机价格的主动大幅度下调,便是集约化生产和技术、经营水准的良性表现,由此进一步加强了它的市场竞争力。销售服务也是保证产品消费过程顺利进行的重要环节,它直接影响到消费者对于企业生产活动和产品的认同。

产品社会角色的变迁 产品在社会生产、流通和消费过程中,也经历了多种社会角色的变迁。对于不同的社会角色,人们必然拥有不同的社会期待。由计划经济向社会主义市场经济的转轨,向企业明确地提出了商品生产的要求,也就是说,企业生产不能满足于某种产值指标,而必须考虑到产品的市场需求。因此,对于克服过去产品型制几十年一贯制、改变产品的老面孔大有好处。产品一旦进入市场便转化为商品,就需要适应人们对于商品的社会角色期待。商品要取得竞争力和市场占有率,除了质量要素之外,还要有明确的目标市场和消费群定位,造型要有新颖性和独特性,要有良好的商标和包装策略,具有影响力的广告和促销手段以及恰当的市场投放方式。

当商品交换完成之后，产品进入消费者家庭。这时商品便成为用品，起作用的不再是交换价值而是使用价值了。人们购买商品是为了满足自身物质和精神的需要。人们希望获得更大的使用价值，这种价值的依据便是产品设计的质量水准了。用品是否适应人的认知、感觉、操作以及视觉心理，是否能给人相应的物质需要和精神需要带来满足，关系到用品的设计定位。当然购买商品，不一定都是为了自身的消费，也可能用于馈赠他人，这时商品便转化为礼品。礼品是作为购买者自身意愿的表达媒介，应该发挥一定传情达意的作用。也就是说，礼品除了具有一定实用功能之外，还应该具有突出的审美功能和一定的象征性及纪念性。

当用品使用寿命完结之后，用品便成为废弃品，它的回收处理便提到了议事日程。废弃物是否会造成环境污染，是生态环境保护的重大课题。产品的废弃有两种类型，一种是自然废弃，即产品经过长期使用而报废或损坏；另一种是人为废弃，即通过审美淘汰或生活方式的转变而不再使用。当服装款式陈旧或产品造型不能满足人的审美需要时，人们出于时尚的追求或趣味的变化而对其进行更新。

产品与经济的关系 20 世纪初产生的功能主义设计观，着眼于大众消费需要，从工业生产过程的合理性中看到了产品审美表现的决定性基础。德国包豪斯设计学院的创始人格罗皮乌斯在《包豪斯生产原理》一文中指出："要设计功能良好的器物——一个容器、一把椅子、一座房子——首先就要探索它的本质，因为它要圆满地用于它的目的，也就是说,要实际地完成它的各种功能,做到坚固、经济、美观。”[①]把经济因素作为产品设计和生产的重要内容,体现了一种设计的理性主义传统,它可以追溯到近代建筑。柯林斯(P. Collins)在谈到哥特式理性主义与古典式理性主义的一致时说:“因为两者都表明了同一信念,即建筑是从结构形式的最经济利用而得到其最佳表现的。”[②]这说明,经济即效能原则,对于建筑造型和产品设计都具有重大的意义。现代企业在产品设计和生产管理上实行的价值工程,便是通过功能分析和创新,以最低的寿命周期费用实现消费者所需的必要功能的一种计算方法,成为现代企业所不可缺少的管理内容。

商品的流通是沟通商品生产和消费的中间环节,商品只有完成了交换进入消费领域,商品生产的目的才能达到。沟通商品的使用价值和交换价值,是促进商品流通的关键,也是商品美学要研究的问题。因为商品生产者关注的是实现商品的交换价值以创造财富;而消费者关注的是,如何选择具有充分使用价值的商品以满足自身的需要。在产品构成要素中,满足消费需求的性质称为产品的功能,功能是产品使用价值的具体表现。产品功能中包含了实用、认知和审美三方面的效用,在这里审美不仅是满足消费过程中精神需要的内容,而且也可以成为商品流通中激发购买欲的手段,因为在完成商品交换之前,使用价值还无法发挥作用,而商品的美却是商品使用价值的一种表现。由此,商品的美便成为沟通交换价值和使用价值的桥梁,成为商品使用价值的展示和承诺,从而促进交换价值的实现。

---

① [德]贝希勒等:《美学·人·人工环境》,德国经济出版社1982年版,第46页。

② [英]彼得·柯林斯著,英若聪译:《现代建筑设计思想的演变1750～1950》,中国建筑工业出版社1987年版,第246页。

产品与技术的关系 科学技术作为第一生产力，它既是实现产品功能目的的保证，也是降低生产消耗和成本、提高生产效率的有力手段。在产品的设计构成、生产和使用中，技术因素以不同的形态发挥作用。在设计产品的结构时，首先要考虑的是采用什么技术手段来实现产品的功能。产品所采用的技术手段便是产品技术，它决定了产品的组成要素和结构形式。例如设计一种汽车，首先涉及采用什么发动机。传统的汽油发动机对环境污染较大，人们正在尝试用氢燃料发动机、太阳能发动机来取代。这便是一种新的产品技术。虽然在这一过程中会遇到能量转化方式等一系列问题，但新的产品技术具有光明的前景。科技成果的商品化问题，主要是把一种实用技术转化为一种产品技术，从而开拓出具有新的功能和作用方式的产品。

在产品设计完成以后，就要考虑如何加工生产出产品来，这里便涉及产品的生产技术。生产技术包括材料的生产、零部件的加工工艺、整机的组装方式以及最后的成品试验和检测。随着材料科学技术的发展，各种优异性能的材料层出不穷。仍以汽车为例，新型材料的利用可以提高发动机的油效并减轻车体的重量。如果内燃机不用钢铁而改用耐高温的陶瓷材料，可提高油效 30%。利用碳纤维增强塑料做汽车壳体，其比重只有钢的五分之一，其强度和刚性却提高数倍。仅此一项改进即可节油 20%以上。[①] 新的加工工艺使产品造型的形式自由度可以有更大的发挥。产品检测技术的提高，为确保产品质量和进一步改善产品功能提供了科学的依据。

---

① 师昌绪：《新型材料和材料科学技术的现状与发展》，见中共中央组织部等主编《迎接新的技术革命——新技术革命知识讲座》上册，湖南科学技术出版社 1984 年版，第 287 页。

产品投入使用以后,消费者要有一定的知识、经验和技能来操纵和控制产品。这便是与产品使用相关联的操作技术。产品技术的自动化程度越高,产品操作技术的要求便越低,它为使用者带来更大的便利。例如汽车的驾驶技术便是一种操作技术,它要求每个驾驶人员都要熟练地掌握,这是确保正常行驶和安全的前提。如果汽车装有自动驾驶仪和导向设备,那么驾驶人员的操作就被替代了,操作技术便简化到了最低限度。如果一个人处在全部自动化的环境中,他个人便无事可做,这对他的生存状况和生活意义提出了新的挑战。由此人们又提出了"有限设计"的概念,要使人们在生活中保持适当的脑力和体力活动量,以增加生活的情趣和必要的运动刺激。

2. 功能概念与功能美

产品是指具有稳定形态而独立存在的物质生产成果。产品满足人的各种需要而发挥的效用,称为产品的功能。功能具有目的性特征,它包含了人的目标指向以及产品对环境和对人的适应性。任何产品都有一定的物理的和化学的性能,具体表现为产品的机械的、电气的和化学的指标,它们反映了产品自身的物质属性。这些指标只有与人的需要特性相结合时,才会成为产品的功能。因此,功能概念具有一种概括性质,它反映了产品与人的需要的关系特性。

功能美是指实用性产品所具有的审美价值,它是沟通物质文明与精神文明的桥梁之一。功能美这种审美形态的发现和确立,具有深刻的现实意义和理论意义。从现实意义上说,它为物质生产如何不断满足人的精神和文化需要指明了方向;从理论意义上讲,它揭示了审美价值形成和发展的社会生活基础和机制,为整个美学研究提供了新的论证。

功能的多层次性

长期以来在建筑和产品设计中，人们一般把功能的概念只看作是实用功能，对于技术产品则是指它的技术功能，而忽视了人在物质生活中需要的多层次性。产品功能既然是以满足人的需要为依据的效用，那么由于人的需要的多层次性，便决定了产品功能也具有多层次性。

20 世纪 70 年代以来，德国工业设计界已经明确地将产品功能的概念做了划分，将其分为实用功能、符号功能和审美功能①。此前，扬·穆卡洛夫斯基在符号学研究中，已将产品功能划分为实用功能与产品语言功能，并进一步将产品语言功能细分为符号功能（指示、象征）和形式审美功能②。在我国 20 世纪 80 年代技术美学研究中，对产品功能也做了实用功能、认知功能和审美功能的划分③。总之，人们对于产品功能的多层次性已经有了普遍的认识。

实用功能是产品最基本的功能，它是通过产品实现人与自然界之间的物质、能量和信息的交换，以满足人的某种物质或文化的需要。例如，餐具可以供人们饮食使用，在这一物质交换过程中，食品是人们直接消费的对象，而餐具为人们的饮食过程提供了物质的依托和特定餐饮的方式。椅子是供人们坐靠休息以消除人的疲劳的，椅面起着支撑使用者体重的作用，减轻了人的下肢的负担；靠背成为脊柱的依托，减

---

① [德]B. 略巴赫：《工业设计——工业产品造型基础》，慕尼黑 1976 年版。

② [德]B. 比尔德克：《设计——产品造型的历史、理论与实践》，科隆·杜芒出版社 1991 年德文版。

③ 徐恒醇等著：《技术美学》，上海人民出版社 1989 年版，第 95 页。

轻人背部肌肉的负担,改善了人的血液循环,节约了人的能量,有利于人的健康。电视机或电脑为人们提供了视听信息,满足了人们的文化需要。它们的技术功能也应该作为一种实用功能来看待,因为这是它们的基本功能。一个好的产品,它的实用功能应该包括产品效能高、适用性强、操作简便、易于维修保洁、便于存放运输等多方面。

认知功能和审美功能是产品精神功能中相互关联的两个不同方面。它们是指在产品存在和使用过程中人的精神或心理与产品之间所可能产生的相互作用。

人的认知是一个包含感知觉、注意、学习和识记的心理过程,它是人对信息的接受和加工。知觉是在感觉基础上形成的对事物总体属性及其相互关系的整体反映,它受人的理解和经验的制约。注意是人的意识的指向和集中,根据有无自觉的目的性可以区分出随意注意和非随意注意。学习过程是一种条件反射,它是刺激物在大脑皮层中建立的暂时神经联系,这种联系的形成取决于刺激物对人所具有的生物的或社会的意义。这种暂时神经联系便是一种识记,它在人的记忆中留下一定痕迹,为记忆的保持和事物重现时的再认知提供基础。

认知是人的生存活动的前提,使人能够确定自身的境况并将其作为调节与环境关系的依据。例如,人驾驶汽车经过路口见到红灯而停车这样一件事,就已经包含了认知活动的一系列连续的信息加工过程。首先,红灯信号刺激了人的视觉,由此唤起了人的注意,红灯信号被人识别后进入人的短时记忆中,再与人从长时记忆中提取的红色交通灯信息相匹配;然后,驾车人根据交通规则做出停车决定,并通过肢体完成停车操作。在这里,交通符号是停车信息的载体,人通过对符号的认知而完成停车的操作。

产品的认知功能，主要是通过产品自身的造型、色彩等形式因素起到信息传达的作用。认知功能是为产品整体功能的发挥提供精神前提。因为当人接触到一件产品时，首先需要知道这是什么、有什么用和怎样使用。例如，一栋房子，只有人们认出它是供人居住的并能找到门的位置和开启方法，人们才能进入房间并使用它。其次，产品的占有和使用是在社会环境中进行的，不同的社会联系会使产品获得不同的社会含义。例如，同样是穿着西服，在我国 20 世纪 50 年代和 20 世纪 90 年代就有不同的社会含义，前者给人以资本家的印象，后者则带有改革开放的意味，表现了我国与国际礼仪服装的接轨。

产品的认知功能，对于产品整体功能的发挥具有重要作用。例如，室内安装的多种电器的开关，如果没有明确的标识而排列在一起，就会使人手足无措或使用错误。王朝闻先生举例说，一桌丰盛的宴席，如果所用餐具的造型类似于便器和痰盂，就会使人们大倒胃口或不欢而散。这就是产品的认知功能造成的误导，混淆了两种不同类型容器的应用场合。产品的认知功能要使产品能够被分辨出来并能唤起人的注意，使人易于学习和识记，并能充分地传达出有关产品的各类信息。

审美功能是通过产品形态特征给人以赏心悦目的感受，以富有情趣的表现力唤起某种意义领悟和情感体验。产品之所以能唤起人的审美注意，首先在于它的形式因素具有一定的感官刺激强度，同时在形态上具有某种新异性，与其他物品相比是富有特色的。在这里，形式要有一定意味，即包含足够的信息含量。在造型因素中，信息的传达往往通过线形、体面、色彩或质地的变化而实现。当这些形式特性与人的情感需要或兴趣相符合并能为人所理解和接受时，产品便唤起人的审美注意并进而产生相应的审美效果。想象和联想在人的审美活动中起着激活人的情感的作用。产品的形象会唤起人的某种联想,根据联想效应的不同指向,可区分出积极联想或消极联想。积极联想有助于增进对产品的理解和喜好程度,消极联想则可能削弱或有损于产品形象。如现代功能型建筑给人一种火柴匣的感觉,在现代高层建筑上加上大屋顶或小亭子,又给人一种穿西服戴瓜皮帽的不伦不类的感觉,这些联想无疑带有消极性质。

不同类型和用途的产品,它们的各种功能要求之间并不完全一样。在波特兄弟主编的《市场要素设计》一书中,列举了五种不同类型的产品,分别给出了它们对于功能要素、人机特性、审美要素和工艺性(即生产特性)的侧重顺序。普及型高尔夫轿车是把工艺性放在首位,功能要素和人机特性放在第二位,审美要素放在第三位。这表明普及型高尔夫轿车强调经济实用但不侧重于精神功能。相反豪华型保时捷轿车则把审美要素放在第一位,功能要素和人机特性放在第二位,工艺性放在第三位。这表明豪华型轿车强调车型的魅力以及性能上的优越而不惜工本。对于中档轿车则要兼顾以上四种要素,保持各方面要求的适中。此外,手工工具电锯则把人机特性放在第一位,把功能要素放在第二位,把工艺性放在第三位,而审美要素放在第四位。这表明手工工具电锯强调对人的适应性和安全性。对于装饰品的花瓶则把审美要素放在第一位,工艺性放在第二位,功能要素放在第三位,人机特性放在第四位,这说明其对功能适应性要求并不高。

从产品功能演化的历史来看,实用、认知和审美功能之间存在着相互的依存和转化。例如,新石器时代用于生产实践的石器,在金属工具产生以后,逐步向标志社会等级和权力的礼器转化。随着选料和加工的精细化,石斧变成了玉斧,又变成了玉圭。原来具有实用功能的器物，转化为帝王诸侯举行礼仪所用的玉器，获得了一种新的标志性认知功能。而当礼崩乐坏，这些礼仪用具的认知功能淡化，礼仪用具进而变为服饰的装饰品，又获得了审美功能。环状石斧变为玉璧，石刀变为玉璋。同样，我国古建筑的斗拱也经历了类似的演化。斗拱开始是作为建筑构件以加强椽的承载出檐的能力，到唐代斗拱逐渐模式化，成为建筑规格等级高低的标志，具有了明确的认知功能。到明清时期，斗拱结构逐渐僵化、比例缩小、排列增密，几乎丧失了原来的承重功能而变成一种装饰性构件。这种由实用功能向认知和审美功能的转化，不仅反映出物质生产与精神生产的联系，而且也反映了产品进化的过程性。

功能美

在东西方美学观念产生的初期，人们十分看重美与善以及功用之间的联系。春秋时代，伍举与楚灵王在论及章华之台何以为美时，指出："夫美也者，上下、内外、小大、远近皆无害焉，故曰美。若于目观则美，缩于财用则匮，是聚民利以自封而瘠民也，胡美之为？"[①]这里明确提出美不在目观而在于利民且无害于四方。古希腊的苏格拉底同样是以对于主体的利害关系，以对象的合目的性、适用和恰当作为衡量美的标准，把美同善等同起来。苏格拉底说："因为任何一件东西如果它能很好地实现它在功用方面的目的，它就同时是善的又是美的，否则它就同时是恶的又是丑的。"[②]然而，内在的善与外在的美，功用与审美之间

① 北京大学哲学系美学教研室编：《中国美学史资料选编》上册，中华书局 1980 年版，第 9 页。

② 北京大学哲学系美学教研室编：《西方美学家论美和美感》，商务印书馆 1980 年版，第 19 页。

并不能直接地等同起来，这一点在苏格拉底自己的言论中也可以看出。色诺芬在《会饮篇》卷五中曾经提到，一次，苏格拉底拿自己与同席的一位行将接受美貌奖的青年相比较，说他自己更美，更配桂冠之奖。因为效用造成美，像他那样眼睛浮突出来，最有利于看东西；像他那样大鼻孔，舒畅通气，最适于嗅东西；像他那样口深嘴大，最适合饮食和接吻。显而易见，这样一副尊容即使效用再好，但仍不会给人以美的感受。

对于美与善、快感、有益、有用、恰当等概念的区分，成为柏拉图《大希庇阿斯篇》的主题。文中以苏格拉底和智者希庇阿斯双方的对话展开。两人代表了不同的观点，希庇阿斯是一个功利主义者，而苏格拉底是一个道德主义者。后者在逐一地论辩中指出了美与善、有益、有用、恰当和快感的不同，但仍然未能给美做出一个明确的界定。所以，最后的结论是"美是难的"①。不过，柏拉图所理解的美正是古希腊人理解的美。因此，与大多数现代人的理解也就不同。他把形式、色彩、旋律看作美的一部分，同时认为美不仅包含物质对象，也包含心理对象和社会对象，包含着性格和装束、美德和真理。美不仅包含着悦目的和动听的事物，而且包含着一切令人赞赏、欣喜和倾倒的东西。

在亚里士多德之前，一些哲学家虽然对美的本质进行了思考，但是都没有从事系统的美学研究。亚里士多德开始从对实践经验的思考转向了系统的理论研究。然而，在《诗学》中，他却把美的概念丢在一边，侧重对艺术的研究。因为对于他来说，艺术比美的概念更加具体和明确。尽管美和艺术这两个概念各有自身的领域，但是在以后美学史的发展中，这两个领域表现出合流的趋势。不过人们的兴趣主要表现在

① ［古希腊］柏拉图：《文艺对话集》，人民文学出版社 1980 年版，第 210 页。

对艺术美和艺术的审美经验方面。由此,美成了艺术所特有的属性,艺术变成了创造美的唯一手段。“美学”也被理解为“艺术哲学”了。所以,当工业产品需要提高精神功能的时候,也有人把艺术作为“美化”产品的一种手段,认为产品的美主要在于使产品获得某种艺术性,而最简单的办法莫过于外加装饰了。当技术美学在我国兴起时,也有人提出“技术+艺术”这一公式。其实,这是一种简单化的理解,它忽视了产品实用功能与审美功能之间的有机联系和内在统一性。

与上述观念相反,技术美学研究所强调的是功能美这一范畴。对于物质产品一般来说,它的实用功能是第一位的,它是产品存在的依据。所以,产品的美应该与其功能目的具有内在的联系,产品的功能目的性应该成为审美价值的取向。也可以说,功能美是对产品功能目的性的表现,它以产品自身的结构形式取得审美的形态特性,从而通过情感的激发作用帮助人认同和亲近产品。需要特别指出的是,功能美不是对于产品实用功能的享用或评价,而是对产品形式要素的观照。当然这种观照可以发生在产品使用之前,也可以发生在产品投入使用的过程中。这时人的动觉感受还可以加强视觉的普遍化效果。正如罗兰·巴特所说:“功能美不存在于对一种功能的良好结果的感受之中,而存在于在产生结果之前的某一时刻被我们所领会的功能本身的表现之中;领会一部机器或一种建筑的功能美,便是使时间暂时停止和延迟其使用,以便凝视其造术。”[①]他在这里所强调的是对形式的观照,同样有人说,沙发的功能美是沙发看上去使人觉得坐着会很舒适,这种功能

① [法]罗兰·巴特著,怀宇译:《罗兰·巴特随笔选》,百花文艺出版社 1995 年版,第 355 页。

美与沙发实际的舒适感是两码事。

美是通过产品形式表现出来的，人们怎样看待美与功能的关系，决定了人们怎样看待形式与功能的关系。产品的美或形式可能与产品实际功能适用性相一致，也可能不一致。当它们一致时，事后可以确证人们的审美经验；当它们不一致时，则为以后的审美感知提供了反面的经验。但这些并不影响眼前对产品的审美反映。20 世纪出现的“形式依随功能”的口号，也可以看作是对功能美的一种具体表述。这一口号是在反对建筑外加装饰的条件下得到广泛传播的，它强调产品形式的塑造依据于实用功能。由于当时对产品功能概念理解的狭隘，它实际发展为功能造型，限制了功能美的开拓。技术美在本质上也是一种功能美。所以把技术美作为一种独立的范畴提出来，是因为它反映了技术领域审美价值的形态特质。

早在 20 世纪 50 年代，在对实用物品的工艺品的分析中，李泽厚先生就曾提出，功能美是一个突出的问题。“认为物品的功能就是工艺的美，这是错误的；但不顾物品或远离物品的功能来追求工艺美，也是错误的。现代健康的倾向是，注意尽量服从、适应和利用物品本身的功能、结构来做形式上的审美处理，重视物质材料本身的质料美、结构美，尽量避免做不必要的雕饰、造作。”[①]这一原则对于整个工业产品设计也是完全适用的。

要弄清功能美的概念，首先要区分出功利价值与审美价值的不同。功利价值涉及对物质的占有、对生理性和社会性欲求的直接满足；而审美价值的取得却是一种没有直接利害计较而沉浸在形式观照中的鉴赏

① 李泽厚：《美学论集》，上海文艺出版社 1980 年版，第 394—395 页。

活动的结果。康德在《判断力批判》一书中，谈到有三种不同的愉快：一种是由感官满足而引起的生理的愉快，一种是由善行引起的愉快，由感官满足而引起的生理愉快是以对象的存在为前提，由善行引起的愉快是人的实践活动的结果。第三种则是审美引起的愉快，它只是一种形式的静观，对于对象的存在则是淡漠的，因为它不涉及对于对象的占有。“在这三种愉快里，只有对于美的欣赏的愉快是唯一无利害关系的和自由的愉快，这是因为，既没有官能方面的利害感，也没有理性方面的利害感来强迫我们去赞许。”①

功能美的判断并不是没有前提的，既然功能美是以产品的功能目的性为导向，它就涉及产品概念本身。康德在谈到美的规定时指出：“审美的判断只把一个对象的表象连系于主体，并且不让我们注意到对象的性质，而只让我们注意到那决定与对象有关的表象诸能力底合目的的形式。”②他把纯粹的单纯依形式的判断称为自由美的判断。你欣赏一片盛开的鲜花，不必一定要搞清花的品种。然而对于各种具有明确目的的对象，如园亭、房舍则要以一个目的的概念为前提，这时便不是自由美，而是一种附庸美了。对于产品的审美，就是以一定目的的概念为前提，它首先通过认知功能向人说明这是什么。在这里，美不仅涉及一种单纯的形式上的合目的性，而且涉及对象内在的合目的性，即关于产品的完满性概念。但是美并不要求达到外在的合目的性，即不要求实现产品的有用性。

功能美这一范畴表明，人的审美经验虽然在主观上具有超功利的

---

① [德]康德著，宗白华译：《判断力批判》上卷，商务印书馆1987年版，第46页。

② [德]康德著，宗白华译：《判断力批判》上卷，商务印书馆1987年版，第66页。

性质,但是在客观上又具有鲜明的社会功利内容。它在人的非功能目的的情感追求中,间接地反映出社会功利的目的性价值取向。对于审美经验具有的主观超功利性和客观的社会功利性,李泽厚先生曾经把它概括为“美感的矛盾二重性问题”,“就是美感的个人心理的主观直觉性质和社会生活的客观功利性质,即主观直觉性和客观功利性”。“前者是这个统一体的表现形式、外貌、现象,后者是这个统一体的存在实质、基础、内容。”[①]也就是说,在个人的超功利非实用的美感直觉本身中,就已包含了人类社会生活的功利的实用的内容,只是对于个人来说,这种内容常不能察觉,而是潜移默化地形成和浸进到主观直觉中去了。正因为如此才产生和决定了美感的阶级性、民族性和时代性种种差异。

审美感知方式的非功利取向为什么会获得客观的社会功利内涵呢?或者说,对社会功利内容的情感态度是如何潜入人的审美的形式感受之中的呢?对于这个问题可以有两种解释方式,一种是符号学的,另一种是心理学的。人的意识活动是一种符号活动,所谓符号就是用一个事物代表和指称另一个事物,可以为人所理解和解释。在人的社会实践活动中,社会功利内容凝结在形式要素的过程,正是一种符号化过程。它使形式要素成为社会功利内容的表征物。因此当见到这些形式要素时,便会唤起人对相应社会功利内容的情感态度。

审美感知中直觉特性的心理机制可以追溯到信号活动的条件反射作用。人脑正是通过信号刺激逐级地建立起了多级的甚至几十级的条件反射联系。在过去生活经验中,对于良好功能的产品所取得的形式

① 李泽厚:《美学论集》,上海文艺出版社 1980 年版,第 4 页。

感受,以条件反射的方式逐级地在大脑皮层中建立了暂时神经联系。这些神经联系通过泛化作用,即神经兴奋点的扩散,使人对形式的反映形成某种概括化和典型化,从而获得了形式要素与功能适用性的联系。这就使人在功能美的观照中,获得意义领悟和价值体验,从而与产品的功能目的性建立起间接的联系。

功能美具有丰富的文化内涵。

第一,它为我们展示出社会前进的目的性,显现出人类在认识世界和改造世界中所达到的境界。从某种意义上说,功能美是对科技成就和社会进步的直观化和视觉化,成为人对社会进步的感性的和精神的占有。产品所具有的功能美,是人类把客观规律纳入人的目的的轨道而取得的自由形式,它反映了物质成果所具有的合规律性和合目的性特征。

第二,功能美通过物的组合秩序实现生活环境与人的生理、心理和社会的协调,给人一种特有的场所感和对人类时空的独特记忆。产品是一种适应性系统,成为沟通人与环境的中介。产品作为人的生活环境的组成,起着减轻人的生活负担、提高生活质量的作用。产品所体现的人性化特征,使人在接触和使用时不会产生陌生感和对失误的恐惧心理,同时又能保持与人在体力和精神上的必要联系。

第三,功能美成为人们生活方式的表征和审美心理的对应物,成为人们自我实现和个性美的一种确证。现代设计把注意的中心由静态的产品转向动态的人的行为方式,从而使产品的生态的和心理的定位成为产品设计的核心。产品设计的趣味成为生活风格的表征,设计对于人们生活方式发挥着引导的作用,使之更加科学、健康和文明。人们可以具有不同的生活方式、生活风格和个性,产品品种的多样化设计正是对个性发展的尊重,同时又兼顾到使个体心理与社会心理的发展相互协调。

第四,产品的功能美通过人与物的关系体验使人感受到社会习俗的温馨感和人际之间的亲情。设计是通过文化对自然物的人工构筑,它总是以一定的文化形态为中介和表现,因此设计产品都是与一定文化背景和社会习俗相关联的。特定的地域文化反映了独特的社会习俗,通过人的生活习惯、价值观念等反映在产品之中。因此,产品的功能美也成为习俗美的表现,如材料的真实性、细节处理的精巧和独到、组合配置的均衡都表现出人们对生活的热爱以及勤劳质朴和乐观向上的精神。产品细节的处理体现了对人的关怀。

最后,产品的功能美是激发人的购买欲和促进商品流通的重要因素。它可以成为整个产品使用价值的一种展示和承诺,从而不仅满足人们的审美需要,而且传达出产品对人的效用和意义,成为一种直观的广告。

总之,功能美对于实现高技术效益与高情感内涵具有决定性的作用。功能美是通过科学技术实现对自然的改造,创造一个属人的世界的表征,从而在一个更高的层次上实现人与自然的和谐统一。

3. 设计中的审美创造

设计是生产过程的一种规划和构思,它的作用随着生产的社会化和生产力的提高而日益突出。在社会生产力十分低下的时代,人们从事生产的方式往往是因袭固有的模式而代代相传。对于这些模式背后隐藏的原因,人们并不十分了解,有时甚至茫然无知。爱斯基摩人不需要建筑师的设计,他们自己便可以用硬雪块沿着螺旋的斜面搭成圆顶型冰屋。一个自然村落的平面布置,随着各家农户房舍的搭建而成定局,很少有规划和环境的设计。然而,随着现代科技的发展,一台复杂的设备就有成千上万个零件,这些零件要经过多种不同的加工,要完成这样的生产,没有专门的设计是不可能的。因此,设计成了生产的前提和生产过程中一个独立的环节。

产品的生产是满足人们生存和发展需要的物质基础。人的需要就是人的本质,人的发展程度也反映在人的需要的层次性和动态发展之中。设计正是从人的需要的启示中获得创造灵感,从而为明天的社会发展准备条件。设计的文化品位表现在它的科技与审美内涵的丰富性上。审美的创造具有综合性和创新性特点,它既要以人的审美感受性为基础,又不能囿于现成的模式和规范。因此,认识产品设计中审美创造的本质,对于塑造人们的生存环境十分重要。

设计的文化内涵

设计作为一种具有明确目标的创造活动,它要把生产的结果事先在人的观念中构筑起来,从而为生产提供依据。正如马克思所说:"蜜蜂建筑蜂房的本领使人间的许多建筑师感到惭愧。但是,最蹩脚的建筑师从一开始就比最灵巧的蜜蜂高明的地方,是他在用蜂蜡建筑蜂房以前,已经在自己的头脑中把它建成了。劳动过程结束时得到的结果,在这个过程开始时就已经在劳动者的表象中存在着,即已经观念地存在着。他不仅使自然物发生形式变化,同时他还在自然物中实现自己的目的,这个目的是他所知道的,是作为规律决定着他的活动的方式和方法的,他必须使他的意志服从这个目的。"[1]这一段话可以说是对设计本质和特点的极好概括。以观念的构思形成产品的表象,作为生产的前提,使生产活动依据人的自觉目的来进行,这便是人类生产区别于动物生产的地方,也是现代化社会大生产形成的前提之一。

究竟什么是设计?人们曾经从不同的角度提出过各种各样的界定,他们从不同层次和视角揭示出设计所具有的意义。人们说:设计是"一种针对目标的问题求解活动"(阿切尔《设计者运用的系统方法》,1965),它是"一种创造活动,使前所未有的有用事物成为现实"(李斯威克《工程设计中心简介》,1965),它实现了"从现实事物转向未来可能性的想象跳跃"(佩吉《给人用的建筑》,1966),它的目标在于"最佳地解决特定环境条件下各种实际的需要"(玛切特《创造性工作中的思维控制》,1968),即"处理好产品与环境的关系,以达到令人满意"(葛瑞高利,1966),其关键在于"确定产品与人相接触的各个部分的条件要素"(法尔 Farr,1966)[2]。

也有人说:设计总是"面临不确定性情形,其失误代价极高的决策"(阿西莫夫《设计导论》,1962),其目标"旨在改进现实的一种活动。设计过程的产物,被用作进行这种改进的模型"(盖茨帕斯基《设计之人性观》,1980)。设计"作为一种专业活动,反映了委托人和用户所期望的东西;它是这样一个过程,通过它便决定了某种有限而称心的状态变化,以及把这些变化置于控制之中的手段"(雅奎斯等《设计·科学·方法》,1981)。就其性质而论,设计是"一种社会一文化活动","一方面,

① 马克思著,中共中央马克思恩格斯列宁斯大林著作编译局编译:《资本论》第一卷,人民出版社 1975 年版,第 202 页。

② 琼斯:《设计方法》,纽约第 2 版,1992 年。

设计是创造性的、类似于艺术的活动。另一方面，它又是理性的、类似于条理性科学的活动”(迪尔诺特《超越“科学”和“反科学”的设计哲理》，1981)。显而易见，这些定义所指的设计的概念更加宽泛，不仅可以指某种经营策划，也可以指计算机编程和数学论证。

在设计技能的研究中，提出了一种对偶处理模型的理论，它说明：在求解设计问题时设计者所运用的思维模式是，分析式串行思维和整体式综合思维的组合。左脑思维是串行的、线性的和收敛的，而右脑思维则是并行的、整体的和发散的。两者相互配合，左脑着重于分析问题、确定方案和做出评价，右脑着重总体性综合视觉关系的整合和设计实体的表达。此外，针对设计推理的局限性，H. A. 西蒙提出了有限理性说。设计在给定目标的情况下，要进行方案的选择和评价。由于在价值选择上只能优先考虑最紧迫的，备选方案数量有限、对后果的考虑也是有限的，因此不可能达到最佳选择，而只能做到满意为止。[①]

设计与科学发明有所不同，发明是发现某一科学原理的过程，而设计只是对现有科学原理的运用。设计活动并不与未知的科学技术打交道。产品设计是科技成果走向产业化和商品化的途径，它在一定经济条件下，把人们取得的科技成果通过文化的中介转化为新的物质产品，直接适应于市场流通和人们生活的需要。因此，设计是一种不同技术和文化的综合。正如日本格言所说，“综合就是创造”，谁的综合能力强，谁就能在产品设计上出奇制胜。如美国庞大的“阿波罗”计划中，并没有新的科技发明，而是经过综合形成了登月计划所需的各种新型技

① 参见杨砾、徐立著《人类理性与设计科学 人类设计技能探索》，辽宁人民出版社1988年版，第41—98页。

术装备。

设计为物质生产提出了目标规定,它成为生产目的的意志表现。在产品的设计中,也存在不同层次的目的和手段的转化。在产品的构成中,每一部件的目的是作为产品整体的一种手段,而零件的目的又是实现部件的手段。设计活动通过产品结构形式的建构以达到产品功能的实现。在手工业时代,设计和生产过程还没有分化开来,工匠事先的构想可以在加工过程中不断加以调整。然而机器生产的出现,产品科技内涵的扩大和结构工艺的不断复杂化,才使设计成了独立环节和生产的首要条件。正如《不列颠大百科全书》中"工业设计"条目所指出的,在每一件产品的背后,有一系列决策影响并导致现有的物质样式的产生。这一明显特点突出地说明了设计一词的丰富内涵。

设计作为一种规划活动,它把社会的、经济的、科学技术的进步有机地结合了起来。依据大文化的观念,文化是在物质和精神生产领域进行创造性活动的方式的总和。整个社会文化的发展是一种自然的人化过程,它表现为外在自然的人化和内在自然的人化,即人的教化。设计作为推动物质文化发展的手段,正处在这种外化过程和内化过程不断反馈的交叉点上。它表现为四种不同文化形态的相互作用和相互制约。物质文化是在特定的观念文化和制度文化下,根据人们在物质上和精神上的需要并通过智能(科技)文化而被创造出来的。在各种文化形态中,物质文化的发展是最基础的又是最活跃的,它直接受到科学技术和生产力发展的推动。新的物质文化的产生是对原有文化形态和约定俗成的突破,因此需要某种新观念文化作为先导。物质财富的增长并不一定造成物欲的横流和人性的堕落,关键在于人生观和价值观的取向。只要保持积极进取的人生态度,物质的丰富就只会有利于两个文明的建设。

所以,设计活动是通过文化对自然物的人工组合。它总是以一定文化形态为中介的。这就使产品形态成为特定生活方式的产物和表征。

同样,市场的选择也受人们文化心理的影响,不同类型产品的市场占有份额是随着社会消费时尚和审美趣味的变化而涨落。设计理论涉及十分广泛的学科内容:除了相关的专业科学知识之外,还与政治的、经济的、社会的、历史的、文化的、教育的、生态的、心理的学科内容相关。

设计的对象是产品,产品是作为人们生产或生活工具而供人使用的。产品设计的目标是实现一定的功能。产品的功能与人的功能在本质上是相互关联的。作为人的功能的一种强化和延伸,产品功能与人的功能具有某种同一性和差别。产品一方面使人的活动能力提高了,活动范围扩大了,另一方面它也产生出人所没有的功能(如飞行)。因此,从产品与人的关系上说,设计的创造意义表现在对人的生活方式和劳动方式的改变上。例如,当家具设计师设计出一种新型坐椅时,其实他不只是设计了一把椅子,而且还设计了一种坐的方式。例如从椅子到扶手椅的变化、从固定式到升降式坐椅的变化、从坐椅到躺椅的变化以及从定向的坐椅到转椅的变化……这些变化使人们的生活方式更多样更丰富了。

在工业产品的设计中,人们首先把精力放在解决产品结构和工艺可行性的问题上,由此形成了工程设计。

工程设计主要是按照物的尺度处理物与物之间的关系。这种设计可以说是由内向外的设计。早期机器制品都不免造型粗糙简陋,缺乏人情味和文化价值。由此,经过 19 世纪后半叶手工艺运动的酝酿,20 世纪初兴起了工业设计运动,它把工业产品与人的关系提到了突出的地位。以德国工业联盟和包豪斯设计学院为代表的工业设计界,呼唤造型艺术家和科技工作者一起投身到当代工业文明的创造活动中来。工业设计是处理物与人的关系。正如西蒙所说:“人工物可以看成是‘内部’环境(人工物自身的物质和组织)和‘外部’环境(人工物的工作环境)的接合点——用如今的术语来说就叫‘界面’。”①如果把外部环境看作人的活动,那么工业设计处理的问题便是人机界面的问题了。也就是说,工业设计在于使产品适应于人的尺度,以满足人的生理、心理和社会文化的需要。这就把产品设计的内涵从自然科学技术扩大到人文社会科学和审美文化的领域。

20 世纪 50 年代以来,科技进步推动了工程设计的长足发展,使设计方法由经验直观的方式发展到优化的和动态的设计以及计算机辅助设计。系统工程原理和系统方法在工程设计中的应用,提高了设计的综合能力,使产品系统内部各种要素之间的相互作用达到整体性能的优化,同时兼顾产品与外在环境的相容性。控制论的引入把产品概念由静态转变为动态的过程,使人们从物质、能量、信息三者交换的角度来考察产品输入与输出的关系,从而把功能结构的设计转化为传递函数逻辑关系的处理,扩大了发挥想象力的天地。

同样,在与工业设计相关的产品造型理论方面,近几十年也取得了多方面的进展。在立体构成方面,注意了从人的行为方式出发处理立体感、深度和体量的关系;在造型中把握不同层次的数学基本质,如节

---

① [美]赫伯特·A. 西蒙著,武夷山译:《人工科学》,商务印书馆 1987 年版,第 10 页。

奏、韵律、比例等算术质要素；景深、位置关系、垂直、水平度等几何质要素以及多样性、立体感、结构秩序等拓扑质要素。在心理学方面，特别是知觉心理学、完形心理学和生态心理学的引入，阐明了人是整体地知觉对象的，从图形和背景的分化出发要求工业设计造型具有独特性和整体相关性，提高了产品形态与人的和谐程度。在符号学和传播学方面，强调使产品语言具有可理解性和传达方式的内在性，从而把造型因素转化为具有信息内涵和情感表现力的语义象征。

工程设计与工业设计的发展，为实现产品设计的一体化过程打下了基础。一体化是把产品的结构、造型、生产工艺和市场开拓作为一个整体来思考。这种一体化正体现了设计的文化整合作用，它不仅促进了科学—技术—生产系统中各种系统要素产生的整体化联系，而且促进了科技要素与自然要素、社会要素和人文要素的有机结合。现代意义的科技进步也融入了人文精神和社会进步。它不仅反映出在生产过程中运用自然科学原理所达到的水准，而且反映出在一切社会活动中包括精神生活中各种物质手段、方式方法的水准和效能。因此，产品设计是需要不同专业人员共同参与的系统工程。

人的需要是设计灵感的泉源

设计是以满足人的需要为目标的创造活动，所以了解人的需要的产生、发展和多样性特征，成为把握设计目标的关键。

人的需要是人在自身的生存和发展中对外在环境的依赖性。它在头脑中的反映，表现为不足之感或求足之感。人会感到缺乏些什么或期望些什么，由此在心理上产生不安或紧张，进而形成一种内在的驱动力。这种内在的驱动力推动人去寻找、选择目标，随后开始满足需要的活动。随着一种需要的满足和紧张心理的消除，又会产生出新的需要。

人的需要有以下四个特点：首先，任何需要都具有一定对象。虽然人的睡眠并不是对象化过程，但是它仍然要有一定的外在环境条件以满足这种需要。因此，这种条件也具有对象的性质。其次，大多数需要具有周而复始的周期性特点，需要的不断重复出现是需要形成和发展的重要条件。随着需要的重新出现，它的内容才能更加丰富。再者，需要是在历史过程中不断发展的，它的发展是以其对象内容的发展形式而取得的。在取得对象以满足自身需要的过程中，也不断从周围世界中吸取新的内容充实和丰富需要。最后，人的需要具有一定共同性，这是因为人的生物特性和社会环境的共同性造成的，这为了解人的需要提供了便利。

从发展过程来看，人的需要可以区分为天然性的需要和社会性的需要。天然性的需要指人的生理需要，社会性的需要是从天然性的需要发展而来，并将天然性需要以被扬弃的形式包含在其中。社会性的需要的满足方式和内容具有社会文化的性质，这就使饮食不仅是为了充饥，也是欢宴。

从功能内容来看，人的需要可以区分为物质需要和精神需要。前者是最基本的，它为人的生存提供了物质基础，后者为人的精神发展提供条件，它包含认知、伦理、审美和社会交往的需要。

随着物质需要满足程度的提高，精神需要将越来越重要，但是它的满足比物质需要的满足困难得多。因为精神生产只有摆脱了外在的强制和名利的追逐才能取得自由而富有成效的发展，并促进精神文明的建设。

马斯洛的需要层次论把人的需要分解为不同的六个层次。其一为生理需要，即饥、渴、性、休息、安全和防护的需要；其二为依属关系和爱的需要，即对社会依托和情感慰藉的需要；其三为受尊重的需要，即保持自身人格的独立和取得个人价值认同的需要；其四为认知的需要，即求得对事物认识和理解的需要；其五为审美的需要，即对于秩序感、和谐和美感的需要；其六为自我实现的需要，旨在发挥自己的潜能以求发展的需要。

在涉及人的需要的共同性特点时，马斯洛指出："我们对基本需要的分类，只是企图部分说明在不同文化中明显多样性的后面的这种统一性。我们不认为这对一切文化来说都是根本的或者是普遍的。我们只认为，相对说来，这比不同文化中表面的有意识的愿望更根本、更普遍和更基本，而且使共同的人性的探讨更接近实际。人的基本需要比其表面的愿望或行为更具有共同性。"①

通过这一理论，马斯洛为我们揭示出：人的需要一般是从低层次向高层次发展的，在低层次需要得到一定满足以后，便会出现更高层次的需要。随着需要层次的提高，社会性因素逐渐增多，而生物性因素逐渐降低。不同的人或人在不同阶段会表现出不同的主导性需要，越是高层次的需要越不容易得到满足。不同民族、国家和地区之间以及人与人之间，需要的结构明显地表现出受物质生产水平、文化教育程度和世界观的制约，由此形成不同侧重的需要模式。当然，这一理论也有重大缺陷，它没有说明人的意识对于需要的反作用以及除个人需要外还存在社会的需要。

---

① 马斯洛：《人的动机理论》，见[美]马斯洛等著，林方主编《人的潜能和价值》，华夏出版社 1987 年版，第 172—173 页。

审美需要无疑是人的一种高层次的需要。正如墨子所说："食必常饱，然后求美；衣必常暖，然后求丽；居必常安，然后求乐。"(《墨子·佚文》)审美表现了人的情感性和精神的超越性，它以一定的物质需要的满足和精神能力的发展为前提。满足审美需要的条件有三：首先主体应有适当的审美能力，即感受力和鉴赏力，它是需要获得满足的主观条件；其次要有保证审美活动得以进行的相应环境；再者便要有适合于主体需要的对象。能满足人们审美需要的对象并非随处可见，这就使人的需要无法成为对象性的存在。这时人的需要只具有潜在的性质，它表现为某种缺乏感而无明确的指向。因此，设计师的审美创造便为消费者的潜在审美需要提供了可供指向和满足的对象，从而把人们的潜在需要转化为一种现实的需要和消费动机。

像其他社会需要那样，人的审美需要具有很大的伸缩性和变动性。这种需要的弹性说明，它的具体对象具有转换和变通替代的可能，因此它为人们审美需要的满足提供了更为广阔的天地。审美需要的满足可能发生在不同层次上，它可以是悦耳悦目的形式感受，也可以是悦心悦意的意义领悟，还可以达到悦神悦志的审美境界。

设计师的创造灵感来源于人的需要。因为产品设计的目标正是要满足人们不断增长的各种物质和文化需要。人的需要成为产品功能的目标，但是从功能目的性到具体产品形态之间还有许多不同环节，这里的关键是要把握产品构成要素与功能目标的关系并找到契合点。例如，高层建筑的玻璃窗外面不易擦洗，设计师需要设计一种可以在室内操作擦外面玻璃的擦玻璃器以保证人的安全。从这种需要出发，设计师设计出了以磁力吸引的成对擦抹器，室外玻璃上的擦具将随着室内玻璃上的擦具移动。室内的玻璃擦完了，室外的玻璃也就擦完了。又如牛奶煮沸时会沿锅壁溢出，设计师发现，如果锅壁不是笔直的而是向外扩出一个台阶，便可使奶涌起后被冷却而不再溢出。

设计产品作为一种人工客体，其中包含三方面的组成要素："(1)由人工客体固有本性所构成的属性综合；(2)由消费者本性所构成的属性综合；(3)与人工世界中客体起作用的条件有关的属性综合。"①这就是说，设计的创新可以从结构形式、功能用途和使用方式这三种不同要素的改变中取得。

设计的审美创造原理

人们把设计比拟为技术和艺术的结合，但是设计活动又与纯粹的技术活动或艺术创作有所不同。德国美学家马克思·本泽依据对象性质的三种参量(即固有性、确定性和预期性)，区分出四种不同性质的对象，即自然对象、技术对象、设计对象和艺术对象②。他指出，设计对象不像自然对象那样是现成的，而是人工建构的；它像技术对象那样是可以预期的，也就是说它是按计划要求制作的，但是又不完全像技术对象那样，是由其技术功能和自然规律所决定。因为设计对象具有审美要求，因此具有非确定性。但是，它又不要求像艺术对象那样具有不可复制性。设计对象的特点在于它的可复制性，设计产品是供批量生产的。

设计产品要在符合科学技术规律的条件下，发挥形式要素的审美表现力。也就是说，产品的形式自由度只能在技术规定性的制约下取

① [苏联]Д. И. 希罗卡诺夫、M. A. 斯列姆涅夫等著，中央党校第二届自然辩证法研究班俄语翻译组译：《现代科学的发展规律性与认识方法》，复旦大学出版社 1984 年版，第 61 页。

② 参见[德]马克思·本泽、伊丽莎白·瓦尔特著，徐恒醇编译《广义符号学及其在设计中的应用》，中国社会科学出版社 1992 年版，第 115—116 页。

得。但是,设计仍然“存在着对客体、主体及其相互作用的条件所固有的可能性的自由选择。客观规律的普遍性和必然性,并不意味着它是单一的和一成不变的。规律的作用途径和形式是多种多样的。客观规律表明,普遍存在于多样之中,不变存在于变化之中,必然存在于偶然和自由之中”①。这种多样性和自由既表现在结构与功能的多一对应中,也表现在结构与形式的一多对应中。所以,任何设计产品都能找到它不同的审美表现的可能性。

产品的审美设计也像任何审美创造,包括艺术创造那样,它要在审美感受性的基础上取得。审美“直观是人的具有相对独立性并构成人开发世界的整体性的特殊的本质力量”②。审美表现是审美感受性和审美创造性的统一。也就是说,一个设计师设计的产品要想具有审美表现力,那么设计师首先要有良好的审美感受性和审美判断力。审美感受是一种伴随着情感体验的感知觉过程,也是一种感情色彩浓烈的认识活动。审美感受力是从事审美创造的开端。一个审美感受力强的人,善于捕捉和发现生活事物中美的因素和形式的意义蕴涵,从而为自己的创造提供营养和参照。

审美感受力的高低,不仅表现在感觉能力的细致和精微,而且与理解力、想象力和整体的统摄力相关。德国艺术评论家莱辛说:“凡是我们在艺术作品里发现为美的东西,并不是直接由眼睛,而是由想象力通

---

① [苏联]Д. И. 希罗卡诺夫、M. A. 斯列姆涅夫等著,中央党校第二届自然辩证法研究班俄语翻译组译:《现代科学的发展规律性与认识方法》,复旦大学出版社 1984 年版,第 57 页。

② 中国社会科学院哲学研究所自然辩证法研究室编:《国外自然科学哲学问题》,中国社会科学出版社 1991 年版,第 126 页。

过眼睛去发现其为美的。”[①]既要善于挖掘形象的意义蕴涵，又要从整体的联系中去把握形象。不论是在形象特征的借鉴上，还是细微形态的构成上，都要依靠审美感受力来做出判断和选择。

产品的审美创造应坚持功能取向的原则，使产品精神功能的发挥有助于整个产品功能目的的实现。家庭用品的设计要给人以家庭的温馨和亲切感，儿童生活用品应显示出童趣和天真。脱离或者违背功能的取向，就会产生画蛇添足或张冠李戴的感觉。例如，学生文具的玩具化倾向，便是一种不健康和不正常的现象，这是追求商业利润的表现，直接分散了学习的精力，增加了使用的不便。

文化的发展和产品形态的发展都是没有止境的，审美创造也没有极致和终点。正如包豪斯创始人格罗皮乌斯在《全面建筑观》中所指出的：“历史表明，美的观念随着思想和技术的进步而改变。谁要是以为自己发现了‘永恒的美’，他就一定会陷于模仿和停滞不前。真正的传统是不断前进的产物，它的本质是运动的，不是静止的，传统应该推动人们不断前进。”[②]因此，产品审美创造要坚持发展原则，以适应于人们的审美趣味追求变化和新鲜感的要求。这里涉及继承和创新的关系。传统的继承应克服保守性，防止对传统的盲目顺应和依从。这一点在建筑风格的继承上表现得格外突出。现代化建筑加大屋顶和加小亭子都是一种盲目依从的表现。殊不知，建筑的民族风格并不在简单地抄袭古建筑形式或把古建筑与现代建筑拼凑在一起，而是在于建筑的空间处理和整体形式的有机组合上。传统的形成总是连续性和间断性的

---

① ［德］莱辛著，朱光潜译：《拉奥孔》，人民文学出版社 1979 年版，第 41 页。

② 司有伦主编：《当代西方美学新范畴辞典》，中国人民大学出版社 1996 年版，第 22 页。

统一，立足于创新才能使传统保持生命力。设计是指向未来的，产品设计要在创造中迎接美好的明天。

设计师的主体性和自主性是提高设计审美质量水准的关键，也是避免产品面貌雷同的保证。主体性体现设计师个人素质的提高和能力的成熟，自主性要求设计师在创作中不随波逐流或因循守旧，从而为设计师创造力的发挥和独特风格的形成提供条件。

产品设计的时代性是对时代精神的体现，而不是一种单纯的赶时髦。时髦是一种社会时尚现象，它是由一定形式的审美激发作用而引起，形成对某种风格或式样的流行和效仿。时髦在流行伊始便迅速蔓延，“忽如一夜春风来，千树万树梨花开”（岑参《白雪歌送武判官归京》）；流行过后则“纷纷红紫已成尘，布谷声中夏令新”（陆游《初夏绝句》）。时尚的持续长短不一，有时由一时的崇尚转化为常规，如牛仔服是以时髦服装而流行，之后则成为日常便服和工装而持续存在。时代性体现了当代人的价值追求，它既与现代科技进步相同步，又融入了现代人文精神的追求，所以它可以引导人们的生活方式向更科学、更文明和更健康的方向发展。

4. 产品语言与产品造型

一个高效益和高情感的对象世界，离不开形形色色的人工环境和产品。环境实质上也是一种产品系统，它区别于一般产品的地方在于，它是以空间形态出现的，而产品是以实体形态出现的。各种产品也会组成或围合成一个空间环境，人们在由各种产品以及自然物共同组成的各种环境中生活和工作。

产品的功能只是一种目的规定，而产品与人相接触的部分却是它的外在的形式。德国斯图加特大学建筑学教授约迪克(J. Joedicke)在列举了大量不同形态的椅子之后指出:“椅子的功能好像是很明确的,可是只要看看本世纪内曾发展了那么多样的形式,而这些形式却是难以都从理性上去找依据的。”在这些椅子的造型中,推而广之,在各种产品和建筑的造型中,“总有一些超乎理性可以把握的一面,总带有与不能以理性解释的价值观相联系的考虑”[①]。显而易见,这些由非理性所决定的,正是与人的感觉经验和情感相关联的造型要素。这些造型要素与理性因素相结合,才创造出一个高效益和高情感相融合的对象世界。

产品形式是造型的决定性要素。在建筑以及各种产品中,“形有三个任务和意义:形是官能感觉到的建筑物的表象,形是界限空间的因素,形通过空间组合的方式使某种功能成为可能”[②]。也就是说,造型形式首先为人的感官提供了直观的产品形象,成为发挥产品认知和审美功能的媒介;其次,造型形式也是产品实体空间的存在形态,它为人的活动限定了边界;再者,造型形式还是实现产品功能的依托,是把功能目的转化为物质存在的形态。造型形式作为认知的媒介,构成一种形象的产品语言,它是产品信息传达的一种载体。因此,在了解产品造型的要求以前,首先需要了解产品语言的构成。

符号学与产品语言

人类的一切文化现象和精神活动,都是利用符号进行的。人们之

① [德]J. 约狄克著,冯纪忠、杨公侠译:《建筑设计方法论》,华中工学院出版社 1983 年版,第 1 页。

② [德]J. 约狄克著,冯纪忠、杨公侠译:《建筑设计方法论》,华中工学院出版社 1983 年版,第 1 页。

间的交往,主要依靠语言来传递信息。没有语言,人们便无法交谈,而语言就是一种符号系统。正如瑞士语言学家索绪尔(F. de Saussure,1857—1913)所说,语言比任何东西都更适宜于人了解符号的性质。语言活动就是通过语言媒介的作用,使一个人的意识活动在另一个人身上产生反应的过程。如当你遇到熟人寒暄时,对方也做出示意或回答,这样在两人之间便产生了语言活动。日常交往中使用的语言称为自然语言。索绪尔认为,语言现象是由语言和言语两种形态构成的。语言是一种抽象系统,它具有社会性,不以个人意志为转移。而言语则是在具体的日常情境中由说话人所说出的话语,它具有个别性,是因人而异的。这就像在下棋时,抽象的规则和人实际下棋时的操作的区别一样。象棋规则是超越于每一局棋存在的,但又只有在每一盘对弈时各个棋子之间的相互关系中才能取得具体的表现。同样,离开了言语提供的各种表现,语言便失去了自己的具体存在。

自然语言是表达概念的符号系统,人们首先用语言表达感知到的对象,所以语言的第一个功能是描述性的,它不是对感知对象的模仿,而是对感知对象的命名,其中包含了对于对象的理解。只有通过语言的中介,现实的事物才能成为人们理解的对象,使世界不仅为人所感知,而且能为人所理解。由此形成了语言的认知功能,人们可以用各种语言来描述和论证客观世界。

一个人在出生之后,从父母和周围的人那里听到的句子是有限的,但经过在一定条件下的学习过程,他就能理解和说出无限的新句子,其中大多数是他们以前从未听到过的。这种语言生成能力是人与动物的最大区别。美国语言学家乔姆斯基(N. Chomsky)指出,语言行为的产生是以意识为中介的,受人的内在意识——语言能力的支配。任何语句都是一个整体，具有内在的连贯性，各语词的属性主要是在结构关系中获得的，也就是由说话人脑中定型的图式产生的。语言的生成是由深层结构向表层结构的转换。人们对语言的掌握是通过对于语言情境的领悟，形成一种认知结构的完形，它在具体应用中可以有多种变化。

语言是传递信息的，通过语音的传播表达某种语义。索绪尔把语言符号中的语音称为“能指”，把这一语音指称的概念内容称为“所指”。因此，语言是由能指和所指，即语词的语音和它的概念含义所组成。能指与所指之间并无必然联系，它们是约定俗成的，一旦确定以后就成为一定范围内流行的规则。

语言的传递是信息的传播过程，它是在发送者和接受者之间进行的。发送者与接受者要实现对话，首先要有共同语言，即有相容的符号信息储备。这样发送者发出的信息才能为接受者所理解。发送者在发出信息时对语句的组织就是编码过程，接受者在接受信息时对语句的解析就是解码过程。语言环境对言语的接受也会造成影响，它包括言语的上下文和说话的场合、环境、时间、噪声干扰等，此外还受接触方式如口头的、视觉的、电子传输的以及代码形式如数字、语种、书写符号等的影响。①

显而易见，自然语言并不是人类使用的唯一的符号系统，人们即使在交谈中往往也还利用表情、手势、姿态、语气等，并通过服饰、气味和环境来传达信息。有人把人类的非语言交流分为六种类型：1. 身体动作或体态，包括手势、姿态、面部表情和眼睛的活动等；2. 辅助语言，即

① 参见[英]特伦斯·霍克斯著，瞿铁鹏译《结构主义和符号学》，上海译文出版社 1987 年版，第 83 页。

音质、语调;3. 环境空间,包括对空间的利用以及对这种利用的感知;4. 嗅觉,由各种气味传递的信息如不同类型的香水等;5. 触觉,如握手以及用手触摸等;6. 服装、饰物或各种人工制品的利用。

日常生活中人们会接触到各种不同类型的符号。一个路牌位于道路的入口,人们由它而知道道路的名称。一辆呼啸而过的红色汽车,人们从它的颜色和警笛声中认出这是消防车。正如美国哲学家皮尔斯(C. S. Peirce,1839—1914)所指出的那样:符号是用来代表或指称另外一个事物的东西,可以为人所理解和解释,也就是对某人具有一定的意义。皮尔斯的符号学理论,一般被称为广义符号学。他指出,构成符号的要素有三:其一是媒介 M,即用作符号来指称事物的东西;其二是对象关联物 O,即符号所表征或指涉的对象;其三是解释 I,即解释者对符号的理解和说明。这三者构成了一个完整的符号关系。它们是同时存在的,即符号是同时作为媒介、被表征对象及其解释的[①]。

符号的三种构成要素涉及人的不同心理和思维层次。媒介的性质涉及人的感觉、知觉质;指称的对象涉及人的经验,即两种知觉经验的比较;解释涉及事物的关系和人的思考活动。一种符号关系往往包含了一个命题或判断,当以句子形式表示时便是主语(对象)+连词(关系)+表语(特性),它们分别代表了符号的第二项(对象)、第三项(关系)和第一项(性质)。借助符号人们才能进行思维,符号是使人的认识从感性上升到理性的工具。

符号与信号是不同的概念。信号是指在一定时空条件下的一种即时性物理刺激,它可以传递信息,但它与其所传递的信息之间具有一种

① [德]E. 瓦尔特:《广义符号学》,德国斯图加特版 1979 年版,第 47 页。

必然联系，如电闪雷鸣与阴雨之间具有一种信号关系；落叶知秋，树叶枯萎脱落与季节变化有直接的联系。而符号却是人为确定的表征关系，红灯禁行、绿灯通行是由人们制定的交通符号系统规则。符号活动是人区别于动物的特征之一。动物只有信号活动能力，动物的活动是建立在本能的无条件反射和信号化的条件反射的基础上的。

艺术形式是比语言等更加复杂的符号系统。苏珊·朗格指出："艺术品作为一个整体来说，就是情感的意象。对于这种意象，我们可以称之为艺术符号。这种艺术符号是一种单一的有机结构体，其中的每一个成分都不能离开这个结构体而独立地存在，所以单个的成分就不能单独地去表现某种情感。"①苏珊·朗格把符号区分为两种类型：一种是科学和语言所用的推论式符号，另一种是艺术的表象式符号。推论式符号是建立在逻辑概念的基础上的，而表象式符号却是一种情感表现的符号系统。艺术符号具有意义的模糊性，它没有完全确定的语汇系统。艺术符号具有整体性特点，它的意义只能在整体的联系中取得。

按照皮尔斯的观点，符号可以依次做出如下分类：首先，根据符号所用媒介的特点，可以将符号分为以下三种下位符号：1. 性质符号：利用媒介材料的质地因素构成的符号，如造型中的色彩和语言中的语音；2. 单一符号：将实际存在的事件从信号的意义上作为一个符号，它是与对象相关的媒介；3. 规则符号：按照规则而习惯地使用的符号，它是与解释相关的媒介。规则符号来源于单一符号或性质符号。

其次，根据符号与指称对象的关系特征分为以下三种下位符号：

---

① [美]苏珊·朗格著，滕守尧译：《艺术问题》，中国社会科学出版社 1983 年版，第 129 页。

1. 图像符号:通过模拟对象或与对象相似的媒介构成的符号,如图形等;2. 指示符号:与指称对象具有某种因果关系或直接联系的符号,如路标、指针、指示代词等;3. 象征符号:通过约定俗成的方法形成的、与对象没有直接关系的符号,在对象关联中与解释相关,如用鸽子象征和平。

再者,根据符号取得意义的性质(即与解释的关联)分为以下三种下位符号:1. 名词符号:它涉及思维活动中的最低层次,相当于逻辑中的概念,在与解释的关联中涉及媒介的感觉性能。它是一种开放性联结,只给出对象的某一方面的信息。2. 命题符号:命题符号是陈述性符号,相当于人对于对象的知觉活动,用命题或判断加以解释。它是一种闭合性联结,本身具有完整性。3. 论证符号:表现了符号的完整的、依据规则的联系,是一种完整的联结,相当于逻辑推论。①

对于符号学的研究领域,美国符号学家莫里斯做了以下区分,他把符号学研究分为三个分支,其一为语用学,它研究符号活动中有关符号的起源、应用和效果;其二为语义学,它研究符号所具有的意谓;其三为语构学,它研究符号构成之间的相互联系。② 这就是说,符号学研究可以从三种不同的视角展开,语用学是从符号与使用者的关系出发进行研究的,语义学是从符号与其指涉对象的关系出发进行研究的,而语构学则是从符号与符号之间的关系出发进行研究的。

符号学的研究引入建筑学,形成了后现代主义建筑理论的基础之一。人们对现代主义建筑的批评指出,由于过分突出从物质功能出发,造成建筑形式的单调,缺乏对建筑环境的控制和建筑意义的表达,使人

---

① [德]E. 瓦尔特:《广义符号学》,德国斯图加特版 1979 年版,第 60 页。

② 参见[美]莫里斯著,罗兰、周易译《指号、语言和行为》,上海人民出版社 1989 年版,第 262 页。

丧失了场所感。建筑符号学将建筑形式作为符号的代码，研究如何将各种结构形式转化为符号，作为意义传达的媒介，并研究在符号传播中各种要素的相互作用。建筑符号的运用可以充分发挥建筑的精神功能，把建筑的语构学要素具体化为语义学要素，使建筑构件获得感知上的意义内涵。正如窗子不仅具有实用的采光通风功能，而且使整个建筑物获得一种节奏韵味。

美国建筑评论家詹克斯在《符号、象征与建筑》一书中，具体说明了作为能指的建筑形象与作为所指的建筑符号内容的关系。建筑形象是由建筑的外形表现、空间安排、表面处理的体量结构等形式因素表现出来的，通过视听触觉和运动感受等感觉媒介，以韵律、色彩、质感和密度等特质为人所把握。由此使人获得直接的内容体验和潜在的隐性象征。其直接内容包括了美学的意义、建筑思想、空间观念、功能表达以及社会意识、生活方式、行为方式、商业目的和科技水准等。

建筑语言所运用的单元称为建筑语汇，如门、窗、柱、隔墙、悬挑物等。建筑物的语构首先是建立在重力和几何法则的基础上的，这些物质规律的强制性力量主导着门、窗、墙等的组合方式。人们对建筑语言的理解，即语义的获得，往往是用已知的建筑或类似的客体来衡量一座建筑，这种联想意义的获得方式称为隐喻。对一座现代建筑越不熟悉，人们越要把它和熟悉的建筑进行隐喻式的比较，以获得对建筑符号的译码。不同的文化背景和学习过程，造成了多重译码的可能性。此外，同一建筑语汇在不同场合和不同形式的运用中会具有不同的含义。一座房子中的柱子是一回事，广场上的纪念柱是另一回事。柱形的烟囱和圆柱形建筑都具有不同的意义。因此，这一语汇就变成了一个“短语”、一个“句子”甚至一本“书”，产生了丰富的多义性和可塑性。建筑符号的能指也可以转化为所指,故在符号构成中形成一条无限的隐喻之链,而文化正是整合符号能指与所指的潜在力量。

对于产品语言的构成,马克思·本泽在《符号与设计》一书中提出:一个设计对象的符号学规定必须从这一点出发,即这一对象在三个维度上都具有主题可变的自由度。这种自由度涉及:1. 技术的物质性;2. 所要造型的技术对象本身;3. 它的各种技术功能。物质性的自由度称为物质维度,它是由产品的材料组成;技术对象本身的自由度称为语义维度,它由产品造型形式构成;技术功能的自由度称为语构维度,它由产品结构形态组成。这三种维度的结合才体现出符号与使用者的关系,即才能构成产品符号的语用学维度。[①]

产品语言的构成,同样存在由深层结构向表层结构的转换生成机制。它体现了由产品功能向外在形式的转化。产品语言的深层结构包含在产品的物质结构、与人的活动的相互关系、产品的工艺材料技术基础以及它的社会文化特征等方面。产品语言的表层结构则表现在产品的材料质地、造型形式以及产品功能结构的形态特征上。这种转化既可以形成语构的不同组合,也可以取得不同的语义确定性。产品语言不仅具有认知功能,也具有不同的审美功能。例如,一个写字台抽屉的把手可以是外显的也可以是隐含的,但它必须具有明确的指示功能,使人知道如何能拉开抽屉,而这种不同的符号形式便给人以节奏感或整体感,从而也产生出审美的效果。

产品语言所传达的信息量应该具有一定冗余度,以便在磨损或褪

---

① 参见[德]马克思·本泽、伊丽莎白·瓦尔特著,徐恒醇编译《广义符号学及其在设计中的应用》,中国社会科学出版社 1992 年版,第 170 页。

色以后，仍能使人辨认并提供足够的信息。此外，产品语言具有整体性特征，产品的造型组成一个具有特定意义内涵和相互联系的符号序列，由此取得符号意义的相对稳定性，便于人们学习和识记。一个产品所用的产品语言应该属于同一序列，以保持符号的同调性，使产品风格统一和完整。

产品造型的美学规范

一个产品的设计过程包括设计定位、方案制定、设计决策、细节完成四个阶段。第一阶段是对消费者的需要进行鉴别，从而对产品功能做出分析，把模糊的社会需要转化为具体的产品概念，根据价值工程原理确定产品的性能规格和设计的约束条件。第二阶段是将一般性的科技原理转化为产品技术，并根据功能要求确定总体方案和结构、造型方案，它们是设计转换过程中最富创造性的活动。第三阶段是对设计方案进行技术可行性和经济可行性分析并对方案做出综合评价，供最后抉择。第四阶段则是完成全部设计细节并做试制准备。由此可以看出，产品造型应该处于一体化过程之中。

工业产品一般是以实用功能为第一位的，其材料和结构首先要依据功能目的来确定。因此，产品的造型首先是产品材料和结构的外在表现。这里体现出功能形式的优先性这一原理。但这不是绝对的，因为功能与结构之间存在一多对应的关系，产品功能相近而结构可以不同。如吸尘器根据使用方式和造型特点，其结构组合方式可有多种变换，可以是串联式、并列式、分离式以及储尘器内含电机式等不下十种。

其次，产品造型要取得认知功能，其首先要具有可识别性。可识别性表现在与同类产品具有某些共同性特征，使人们便于对其进行分类。

产品的用途和操作方法应该使人能直观地认知和识记,不经进一步思索和判断,从而对产品的使用形成行为自动化。产品的工作状态及其变化,如接通电源、正常运转、因故停机等,都应提供必要信息和指示。产品外露危及人的安全的部分应做隔离处理或用引人注目的色彩加以标识,以确保人的安全。此外,产品的认知功能还可以表现使用者的社会角色、层次以及不同的社会和伦理观念。

再者,产品造型要发挥审美功能,以直观形象唤起人的一定情感体验,创造出特有的情调和氛围。产品的造型应具备完形特征,使自身构成一个完整的有机整体,并与背景形成明显的区分。秩序感是美感的组成要素,它具有与人的感知和活动的协调性。因此,秩序感是造型中必须考虑的因素。这里需要说明的是,技术上正确的东西不一定就是美的,在技术正确性的基础上仍会有多种选择,这里的依据便是人的审美感受性了。功能美的表现成为造型设计的主题。同时,造型要考虑与使用环境的协调和环境氛围的创造。

克略克尔在《产品造型》一书中,从符号学的角度提出了造型的规范,将各种研究成果做了综合和概括。其中把各种造型要素分门别类地归纳到语义学、语构学和语用学范畴,为在产品造型中对产品语言的把握提供了参考。

从语义学角度出发,首先要求产品语言具有可理解性,便于学习和识记,不存在认知的障碍。如语言的构成不会引起认识上的混乱,各种造型要素具有同调性,其中不同性质的要素在数量上要得到有效控制。在信息的传达方式上,要具有内在性特征,使人感到是表现了产品自身所固有的特性。从认知层次上首先要表现出产品自身的物质存在,使其从环境背景中突显出来。其次要传达出生产厂家的有关信息,如企业的专用色、品牌风格以及标牌徽记。进一步则要表现出产品的内在质量和功能特性，质量和功能都是多层次的，它的表现必须从材料质地、结构形态和细部处理多方面入手。

在造型形式的考虑上，要做到技术的先进性与消费心理的可接受性两者的兼顾，这一原理则称为 MAYA 阈限，即 Most Advanced Yet Acceptable 之意。产品的功能取向决定了造型以抽象几何形式为主，但在趋向性上仍可在体量造型和平面造型、直线线型和曲线线型等方面做出选择。造型的简洁性和完形特征可以使产品形象给人以力度感，从而形成一定的视觉冲击力。在语义内容的传达上，要考虑文化背景和时代性特征，避免引起消极联想和不良的歧义。形象一方面要有鲜明性特点，另一方面还有联想的指向性问题，根据产品的功能特征和使用场合，它所引发的联想可以是集中和收敛的，也可以是发散和易变的，或者是中性的。

在审美表现方面，除了直接的对物质性、现实性和功能性主题的表现以外，还可以分层次地进行审美变换，一级审美变换是将物质要素转化为富有情感意蕴的符号，二级审美变换则是使产品富有秩序感。因为根据柏克霍夫（Birkhof）审美度的概念，审美品位与秩序感成正比，与复杂性成反比。根据审美利用度的概念，要求产品造型具有风格的一致性和丰富性。

从语构学的角度出发，首先要求处理好造型要素之间的结构关系。这种结构关系表现在三个层次上，其一是算术质因素的运用，如构件形成的比例、节奏和韵律。其二是几何质因素的运用，如位置关系的垂直、水平或倾斜以及景深的处理。其三是拓朴质因素的运用，如多样性、立体感或形式秩序的建立。在整体结构要素的安排上，应注意在坐标系中的状态,如重心位置的稳定性,取水平或垂直状态以获得稳定性、静态或动态感。各种完形规则如闭合性、相似关系、接近或对称关系等的运用,有助于强化整体性效果。此外还可以利用视错觉效果,消除其消极后果,发挥积极效应等。如圆球体底部切割一部分,会使其余部分产生变形感觉,若切割面弧线收缩就会产生良好的视觉效果。荧光屏边框采用深色时,由于对比作用,会显得屏幕扩大。

从语用学角度出发,着重于考虑产品语言与环境和人的适应性关系。首先产品是否体现了以人为中心的尺度上的适应性,要求达到直接的和普遍的适应性效果。产品的尺度感应具有可认知性,使人易于把握。在空间视觉效果方面,产品的主要轮廓面应给人以足够的观察视角,以便人们能看清。同时要考虑到环境背景、光线的照射以及各部位视觉后像的影响。环境背景会产生对比作用,当产品处于明亮背景下要比在深色背景下显得暗。而当受到光线照射的影响,产品的颜色会变得明亮。当人长时间注视某种颜色时,视觉中会出现具有互补色的后像,从而对视觉形象产生一定的影响。产品操作部件的处理应便于使用者辨别和识记,从而使操作过程无需思考和有意识地努力,逐渐达到使用者行为的自动化。在产品结构关系中使强对比因素处于中心或利用补偿对比加强整体效果,使人把产品的各部分看成一个有机联系的整体。此外,产品的市场适应性、工艺和经济可行性等也都属于语用学范畴。

主要参考文献

一、中文文献

1.［美］G. 墨菲、J. 柯瓦奇著，林方、王景和译：《近代心理学历史导引》，商务印书馆1982年版。

2.［美］H. 加登纳著，兰金仁译：《智能的结构》，光明日报出版社1990年版。

3.［匈］L. G. 卢卡契著，徐恒醇译：《审美特性》第一卷、第二卷，中国社会科学出版社1986、1991年版。

4.［英］W. C. 丹皮尔著，李珩译：《科学史》，商务印书馆1975年版。

5.［英］W. I. B. 贝弗里奇著，陈捷译：《科学研究的艺术》，科学出版社1979年版。

6.［苏］阿·尼·列昂捷夫著，李沂等译：《活动·意识·个性》，上海译文出版社1980年版。

7.［美］阿·热著，荀坤、劳玉军译：《可怕的对称——探索现代物理学中的美》，湖南科学技术出版社1992年版。

8.［德］爱因斯坦著，许良英、范岱年编译：《爱因斯坦文集》第一卷，商务印书馆 1976 年版。

9.[德]恩斯特·卡西尔著,沉晖等译:《人文科学的逻辑》,中国人民大学出版社 1991 年版。

10.傅世侠、张昀主编:《生命科学与人类文明》,北京大学出版社 1994 年版。

11.[德]冈特·绍伊博尔德著,宋祖良译:《海德格尔分析新时代的科技》,中国社会科学出版社 1993 年版。

12.顾肃:《科学理性论》,中国社会科学出版社 1992 年版。

13.[德]海德格尔著,彭富春译:《诗·语言·思》,文化艺术出版社 1991 年版。

14.[德]黑格尔著,朱光潜译:《美学》第一卷、第二卷,商务印书馆 1979 年版。

15.胡晓明:《中国诗学之精神》,江西人民出版社 1990 年版。

16.《技术美学与工业设计丛刊》编委会编:《技术美学与工业设计》丛刊第一辑,南开大学出版社 1986 年版。

17.[日]今道友信著,周浙平、王永丽译:《美的相位与艺术》,中国文联出版公司 1988 年版。

18.[德]康德著,宗白华译:《判断力批判》上卷,商务印书馆 1987 年版。

19.李泽厚:《美学论集》,上海文艺出版社 1980 年版。

20.林德宏、肖玲等著:《科学认识思想史》,江苏教育出版社 1995 年版。

21.[法]罗兰·巴特著,怀宇译:《罗兰·巴特随笔选》,百花文艺出版社 1995 年版。

22.[德]马克思·本泽、伊丽莎白·瓦尔特著,徐恒醇编译:《广义符号学及其在设计中的应用》,中国社会科学出版社 1992 年版。

23. 童庆炳主编:《现代心理美学》,中国社会科学出版社 1993 年版。

24. 王淼洋、范明生主编:《东西方哲学比较研究》,上海教育出版社 1994 年版。

25.[德]席勒著,徐恒醇译:《美育书简》,中国文联出版公司 1984 年版。

26. 夏军:《非理性世界》,生活·读书·新知三联书店 1993 年版。

27. 肖峰:《科学精神与人文精神》,中国人民大学出版社 1994 年版。

28. 徐长山、王德胜编著:《科学研究艺术》,解放军出版社 1994 年版。

29. 杨砾、徐立:《人类理性与设计科学——人类设计技能探索》,辽宁人民出版社 1988 年版。

30.[日]]竹内敏雄:《美学总论》,东京弘文堂 1979 年版。

二、外文文献

1. Arnold Schürer: *Der Einfluss Produktbestimmender Faktoren auf die Gestaltung*, Printed in Germany3. Verbesserte Auflage, 1971.

2. B. Löebach: *Beitrage zur Bevoelkerungsorientierten Designtheorie*, Designbuch Verlag Loebach, 1976.

3. B. Löebach: *Industrial Design*, Verlag Karl Thiemig, Müenchen, 1976.

4. E. Walther: *Allgemeine Zeichenlehre*, Deutsche VerlagAnstalt,1979.

5. H. Baechler, H. Letsch, K. Scharf: *Aesthetik — Mensch — Gestaltete Umwelt*, VEB Deutscher Verlag der Wissenschaften (DDR) Berlin,1982.

6. Ingo Klöcker: *Producktgestaltung*, Springer Verlag Berlin,1981.

7. L. G. Poth, G. S. Poth: *Marktfaktor Design*, Deutsch Verlag 1983.

8. M. Bense: *Aesthetica Agis—Verlag*, Baden—Baden,1965.

9. Volker Fischer: *Design Now — Industry or Art*, Prestel Müenchen,1989.

后　记

又是落英缤纷、秋风萧瑟的时节。花了一年的时间，终于完成了这部书稿，它融注着我十多年的思考。提起对技术美学的研究，那是1984年，我从中国社会科学院调入天津社会科学院时开始的。为此，我暂时中断了对卢卡契美学论著的翻译。由吴火先生倡导、马觉民先生积极投入，我们三人构成这个学术集体的核心，曾经一起做了多方面的探索。

我个人的研究还得益于我国老一代美学家的传授和德国著名哲学家、美学家马克斯·本泽及其夫人伊丽莎白·瓦尔特教授的亲自指教，还有多年来与设计教学和实践部门的朋友们的密切交流。

在写作过程中，得到天津社会科学院院领导和科研处的大力支持，把它纳入了院课题研究任务。最后要特别提到我的妻子吴文金给我的支持和配合，使我能全身心地投入工作。

徐恒醇　谨识

1996年11月5日